CHARACTERISTICS OF THE OCCURRENCE, MIGRATION AND TRANSFORMATION OF ENDOGENOUS POLLUTANTS IN LAKES IN COLD REGIONS

寒冷地区湖泊内源污染物的赋存及迁移转化特征

王雯雯　著

中国环境出版集团・北京

图书在版编目（CIP）数据

寒冷地区湖泊内源污染物的赋存及迁移转化特征 / 王雯雯著. -- 北京 : 中国环境出版集团, 2025. 10.
ISBN 978-7-5111-6473-5

Ⅰ. X524.06

中国国家版本馆 CIP 数据核字第 2025JX2298 号

责任编辑 曲 婷
封面设计 彭 杉

出版发行 中国环境出版集团
（100062 北京市东城区广渠门内大街 16 号）
网　　址：http://www.cesp.com.cn
电子邮箱：bjgl@cesp.com.cn
联系电话：010-67112765（编辑管理部）
发行热线：010-67125803，010-67113405（传真）

印　　刷 北京中科印刷有限公司
经　　销 各地新华书店
版　　次 2025 年 10 月第 1 版
印　　次 2025 年 10 月第 1 次印刷
开　　本 787×1092 1/16
印　　张 9.25
字　　数 127 千字
定　　价 60.00 元

编委会

PREFACE 前 言

湖泊作为地球水圈的重要组成部分，在维持生态平衡、调节气候、提供水资源等方面发挥着不可替代的作用。然而，随着人类活动的加剧和全球气候变化的影响，湖泊富营养化问题日益严重，尤其是寒冷地区的湖泊，其生态系统更为脆弱，对环境变化的响应更为敏感。内源污染物的释放不仅加剧了湖泊的富营养化程度，还对湖泊生态系统的健康和稳定构成了严重威胁。因此，深入研究寒冷地区湖泊内源污染物的赋存特征、迁移转化规律及其释放风险，对于制定有效的湖泊富营养化防治策略和保护湖泊生态环境具有重要的科学意义和现实价值。

本书以内蒙古呼伦湖流域乌兰诺尔湿地为研究对象，通过野外现场调查、室内模拟实验以及多种先进分析技术手段，系统研究了乌兰诺尔湿地沉积物－水界面的碳、氮、磷等营养元素的时空分布特征、赋存形态、生物有效性，以及它们在不同介质间的迁移转化过程和机理。在研究过程中，我们采用了薄膜扩散梯度（DGT）技术、高分辨孔隙水采样装置（HR–Peeper）等原位提取技术，结合化学连续提取法、三维荧光光谱法等分析方法，对研究区的内源污染物进行了全面、深入的分析和研究。通过对不同季节、不同区域进行样品采集和分析，揭示了乌兰诺尔湿地内源污染物的时空分布规律和赋存形态特征；通过室内模拟实验，探讨了沉积物－水界面营养元素的迁移转化过程和机理，评估了沉积物氮、磷的释放风险。

本书的研究成果不仅丰富了寒冷地区湖泊内源污染物迁移转化理论，还为寒旱区湖泊富营养化防治和水环境治理提供了重要数据和理论支持。在撰写本书的过程中，我们力求做到内容翔实、数据准确、分析深入、结论可靠，以期为环境科学、生态学、湖泊学等相关专业的科研人员提供有益的参考和借鉴。同时，我们也希望通过本书的出版，引起更多科研人员对寒冷地区湖泊内源污染物问题的关注和研究，共同为保护和改善寒冷地区湖泊生态环境贡献力量。

全书共分为六章。第 1 章绪论部分，详细阐述了研究背景、国内外研究现状以及本课题的研究目标和研究内容。第 2 章介绍了研究区概况与研究方法，包括地理位置、地形地貌、气候气象、土地利用等基本信息，以及样品采集、预处理、分析测试指标和数据处理方法等。第 3 章至第 5 章分别对上覆水中氮、磷、有机质的赋存特征，沉积物中氮、磷、有机质的赋存特征，沉积物 – 水界面氮、磷的迁移转化特征及释放风险进行了深入分析。第 6 章总结了主要研究结论，并对未来研究方向进行了展望。

相关研究工作得到了华北电力大学环境科学与工程学院、资源环境系统优化教育部重点实验室的全方位支持。同时，感谢参与本研究的全体科研人员和研究生的辛勤付出与无私奉献。由于时间和水平有限，书中难免存在不足之处，恳请广大读者批评指正。

CONTENTS

目 录

第1章 绪　论

CHAPTER 1

1.1 课题研究背景

水圈、大气圈、岩石圈和生物圈是陆地上的四个重要圈层。自然环境中各种物质和能量在这四大圈层中不断流动循环。湖泊作为水圈的一部分，其水资源数量和质量对于自然界和人类社会的可持续发展至关重要。然而，早期由于人们环保意识淡薄，对湖泊生态环境发展规律和脆弱性认识不足，错误地以湖泊水资源的过度开发和环境污染为代价换取社会利益和经济利益。在这种情况下，湖泊水资源和水环境均受到不同程度的污染和破坏，引发了水质污染、水体富营养化、蓝藻水华暴发等一系列的湖泊水环境问题。随着人们环保意识的提高，我国加大了对湖泊水环境的保护和治理力度，我国湖库污染治理与保护修复工作取得积极进展，但是水生态恢复形势依然严峻。特别是在最近几十年，全球气候发生了明显改变，受气候变化与人类活动的共同影响，越来越多的湖泊水库面临着富营养化问题。在 2023 年国家重点监测的湖泊中，中度和轻度富营养的湖泊占比达 27.3%。并且，呼伦湖、青海湖、兴凯湖等北方寒冷地区湖泊在气候变化和人类活动的双重驱动下，夏季水华时有发生。

碳、氮、磷是地球湖泊环境重要的生源要素和营养元素，对于湖泊水环境中的生物生命过程及生态环境具有重要意义，湖泊碳、氮、磷的循环也是湖泊领域的研究热点。沉积物－水界面是湖泊水环境中物质迁移转化较为活跃的界面。沉积物是地球碳、氮、磷的重要储存场所，发挥着“源”和“汇”的双重功能。一方面，作为“汇”，沉积物是进入湖泊水体各种形式碳、氮、磷的重要储存场所；另一方面，沉积物中的碳、氮、磷在一定条件下，可能再次释放进入水体或大气，充当“源”的角色。近百年来，随着人类活动强度不断增加，湖泊富营养化问题日益突出，进入湖泊水体的碳、氮、磷增加明显，导致湖泊沉积物的“汇”效应更加明显。更为重要的是，全球气候变化导致全球气温普遍升高，湖泊水体和沉积物中微生物活性增强，进而导致湖泊中储存的碳、氮、磷的分解速率增大，释放风险增加，从而可能使沉积物由“汇”转换为“源”，影响湖泊水体营养状态。

由于地理位置和流域气候的特殊性，寒冷地区湖泊生态系统十分脆弱，受人类活动影响程度较小，对气候变化、人类干扰、环境变化等均十分敏感，一旦人类干扰强度增加，气候和环境发生显著变化，其湖泊水生态环境有可能会受到严重的、不可逆的破坏，而湖泊中碳、氮、磷的赋存特征、在不同介质间的迁移转化特征以及沉积演变规律等也势必会发生改变。因此，本书以内蒙古呼伦湖流域乌兰诺尔湿地为例，针对沉积物-水界面碳、氮、磷的赋存特征、迁移转化特征及潜在释放风险开展了相应的研究，旨在为寒冷地区湖泊水体富营养化的防治提供基础数据支撑和理论依据。

1.2 国内外研究现状

1.2.1 湖泊富营养化发展态势

湖泊富营养化是全球面临的水环境问题之一，据不完全统计，世界上有超半数的水域正在或曾经经历过水体富营养化[1-2]。生态环境部公布的2023年全国地表水环境质量状况显示，我国205个监测营养状态的湖（库）中，中度和轻度富营养的湖泊占比达27.3%，其中太湖、巢湖和滇池等国家重点治理的湖泊其富营养化趋势得到了明显遏制，水质有所改善。值得注意的是，近年来，由于气候变化和人为干扰的影响，湖泊富营养化现象逐渐从经济发达、人口密集的温水流域扩展到冷水流域，这种扩展对区域水质和生态健康构成了严重威胁[3]。

近年来，随着气候变暖和沉积物营养盐释放加剧，位于寒冷干旱地区的湖泊富营养化现象显著增加[4-5]。与温暖湖区湖泊相比，寒旱区湖泊受人类活动影响程度相对较小，受区域大陆性气候的影响较大，具有气候干旱、降水稀少的特点，对气候变化高度敏感[6–7]。寒旱区大部分湖泊年蒸发量远超过年降水量，湖水水位不断下降，湖面不断缩小，导致水体中污染物不断浓缩，增加了水体发生富营养化的风险。Han[8] 和 Lu 等[9] 对新疆天池的研究表明，虽然天池受到了较好保护、人类活动干扰少，但是近年来仍发生了富营养化，气候变化在其中起到了重要作用。我国典型寒旱区湖泊乌梁素海和呼伦湖水体富营养化发展趋势也不容乐观。乌梁素海自 20 世纪 90 年代起水体富营养化程度不断加重，目前已发展为草型富营养化湖泊[10–11]。呼伦湖自 20 世纪 80 年代以来也开始出现富营养化的趋势，2009 年起夏季发生蓝藻水华，近年来蓝藻水华已呈常态化暴发，气候变暖导致的沉积物磷释放被认为是重要的诱因之一[12–13]。

综上所述，在气候变化和人类活动的双重驱动下，寒旱区冷水湖泊的富营养化问题凸显，但是湖泊富营养化相关研究多集中在温暖湖区湖泊，由于气候和地理位置的特殊性，对寒旱区湖泊富营养化研究相对较少，很大程度上限制了寒旱区湖泊富营养化防治及水环境保护工作的有效开展。

1.2.2　湖泊氮、磷、有机质的来源与赋存特征

1.2.2.1　湖泊氮、磷的来源与赋存特征

氮、磷是构成水体初级生产力和食物链最重要的生源要素，也是湖泊富营养化的关键限制性因子，因而湖泊水环境中氮磷循环及其对生态系统的影响一直是环境科学的热点研究方向[14–17]。

湖泊氮、磷的来源可大致分为外源和内源两大类。其中，外源包括农业面源污染、生活污水排放、工业废水、地表径流输入以及大气沉降等[18–20]。同时，湖泊中氮、磷的浓度不仅受到外源输入的影响，还受到内源污染的影响，包括沉积物释放、水生生物生长过程中向湖泊输入的氮、磷等[21–24]。

氮、磷在湖泊水环境中以多种形式存在，在水体和沉积物中其赋存形态也各不相同。在水体中，按化学形态可分为无机磷 / 氮和有机磷 / 氮；按物理

形态又可分为颗粒磷/氮和溶解磷/氮[25]。水体中的磷形态包括溶解无机磷（DIP）、溶解有机磷（DOP）、颗粒无机磷（PIP）和颗粒有机磷（POP）。值得注意的是，DIP具有极高的生物利用度，是可溶性活性磷酸盐（SRP）的重要组成部分[26]。水体中的氮形态包括氨氮（NH_4^+-N）、硝氮（NO_3^--N）、亚硝氮（NO_2^--N）、溶解有机氮（DON）、颗粒无机氮和颗粒有机氮。

在沉积物中，氮、磷往往以多种组分形式存在，其组分构成更为复杂。对于沉积物中存在的氮、磷，通常使用顺序提取程序提取[27]。按照顺序提取，沉积物中的磷包括交换性磷（Ex-P）、铁结合磷（Fe-P）、铝结合磷（Al-P）、钙结合磷（Ca-P）、有机磷（P_o）和残磷（Res-P）[28-30]。其中Ex-P、Fe-P和P_o表现出较高的反应活性，是生物可利用磷（BAP）的主要成分[31]。此外，对于沉积物中的有机磷，可以通过顺序提取程序进一步提取，从而产生各种不同的P_o，包括不稳定有机磷（LP_o）、中等不稳定有机磷（MLP_o）和非不稳定有机磷（NLP_o）[31]。LP_o包括单酯磷酸（Mono-P）等形式，被认为具有与P_i相当的生物利用度。MLP_o主要由富里酸-磷酸（Fulvic-P_o）组成，代表磷与富里酸结合。NLP_o包括腐植酸-有机磷（Hum-P_o）和残余-P_o（Res-P_o）。Hum-P_o是由植酸和肌醇六磷酸等顽固性物质组成，而Res-P_o是由P_o与植酸结合形成的，是一种相对稳定的成分[30, 32-33]。

沉积物中氮的存在形态可分为有机氮和无机氮，其中以有机氮为主，占总氮的百分比达到90%以上，无机氮含量较低[34-36]。沉积物中的有机氮主要包括大分子蛋白质、氨基酸、核酸和腐殖质，其中主要是腐殖质。而无机氮作为生物繁殖和生长必需的营养成分，一方面来自上覆水体的沉降，另一方面来自有机氮的降解及矿化。沉积物中的无机氮主要包括氨氮、硝氮和亚硝氮，其中氨氮为主要赋存形态[37]。在沉积物中，溶解性无机氮可通过分子扩散完成沉积物和水体之间氮素的相互迁移。沉积物中氮也常采用顺序提取法进行组分划分，但尚没有统一的方法。如吴丰昌等（1996）[38]按照顺序提取法，将沉积物氮分为可溶性氮、可交换态氮、有效态氮和残渣态氮；马红波等（2003）[39] 参照磷形态连续提取的方法，将沉积物氮分为离子交换态氮、碳酸盐结合态氮、铁锰氧化态氮、有机态和硫化物结合态氮；钟立香等（2009）[40] 将沉积物中的氮分为游离态氮、可交换态氮、酸解态氮和残渣态氮。

1.2.2.2　湖泊溶解性有机质来源与赋存特征

有机质在各种水环境中广泛存在，其不仅参与水生环境食物网的物质循环，而且影响着水环境中污染物（氮、磷、重金属、有毒有害有机物）与碳的赋存特征、迁移和转化、循环、生物可利用性、生物可降解性以及生物毒性，是水环境中重要的化学组分之一 [41–42]。

湖泊水环境中有机质的组成和结构复杂多样，根据其依附的不同介质可以分为水体有机质和沉积物有机质（SOM）[43–44]。水体有机质又可以分为溶解性有机质（DOM）和吸附在悬浮物上的颗粒态有机质（POM）。其中，DOM 广泛存在于河流、湖泊等天然水环境中，其化学性质十分活跃 [45]。

DOM 可溶解于水，并且能通过 0.45 μm 滤膜 [46]。DOM 结构和组成十分复杂，是多种有机化合物（如腐殖质物质、蛋白质类物质，还包括碳水化合物、氨基酸、糖类、有机酸等）组成的连续统一的混合体，主要构成元素包括 C、H、N、O、P、S 等 [47]。DOM 中含有脂肪族、芳香族、醌类和酚类等官能团，能够与有机污染物和无机污染物相结合，可作为污染物的载体，改变污染物在水 – 沉积物界面的分配，增强其在水中的溶解性和迁移性，进而影响湖泊沉积物中污染物的分布、来源、腐殖化程度及其生物有效性和毒性。

DOM 的荧光组分可以在一定程度上反映其来源。DOM 的来源主要包括陆源和自生源两大类。一般来说，陆源有机质主要是陆地高等动植物残体经细菌和真菌分解后所产生的，在迁移过程中，由于类蛋白峰易受光降解作用和微生物降解作用的影响，因此陆源有机质主要组分为类腐殖质 [48–49]；自生源有机质主要来自浮游动植物和细菌等的生命过程，以类蛋白为主要组分[50]。DOM的荧光特征也可以反映出DOM的来源。生物源指数（BIX）是激发波长（λ_{Ex}）为310 nm时，发射波长（λ_{Em}）在380 nm与430 nm处荧光强度的比值，BIX与水体中新生成的DOM占DOM总量的比值成正比[51]。Huguet等指出，不同BIX的值域反映的DOM自生源特征程度不同，BIX在0.6～0.7范围内，表明DOM主要来自陆源；在0.7～0.8范围内，表明DOM自生源特征为中等；在0.8～1.0范围内，表明由自生源输入的DOM所占比例较大；而BIX的值大于1.0，则说明DOM主要来自微生物和细菌的生命过程[51]。Battin[52]和McKnight[53]等利用荧光指数（FI）来判别DOM的来源。研究表明[52-53]，陆源和自生源DOM可以通过FI的端元值1.4和1.9进行判别。腐殖化指数（HIX）为λ_{Ex}等于255 nm，λ_{Em}在435～480 nm与300～345 nm范围的荧光峰面积的比值[51]。根据HIX可以对DOM的腐殖化程度进行判别，一般来说，HIX在10～16值域范围内，表明DOM主要来自陆源，具有较强的腐殖化程度；HIX小于4，表明DOM主要来自自生源，具有较弱的腐殖化程度[51]。目前，对于水体中DOM来源的定性研究较多，而对不同来源贡献率的定量计算研究相对较少。

DOM的组成及其来源对氮、磷营养盐循环具有重要影响，可通过微生物和光降解作用在藻类水华暴发过程中扮演非常重要的角色[54-55]。Görs等[56]对富营养化程度较重的南波罗的海博登海湾进行研究发现，在DOM中具有高碳氮比值（C/N）和较小组分的易于生物可利用性的组分（如具有短链的溶解性单体或者聚合物），可以造成浮游细菌藻类的高活性和高生物量。王圣瑞等[57]对长江中下游8个湖泊（五里湖、贡湖、东太湖、月湖、洞庭湖、玄武湖、洪泽湖和鄱阳湖）沉积物中DOM的释放特征的研究结果表明，有机质的浓度和组分对湖泊沉积物中氮、磷的释放十分重要，富营养化湖泊沉积物中营养盐释放量高于土壤。富营养化过程也会对DOM的组成和结构造成一定影响[58]。另外，DOM对湖泊环境中痕量重金属的环境行为也具有重要影响。Jiang等[45]对我国西南部湖泊沉积物间隙水中DOM对Hg作用的研究结果表明，外来陆源 DOM 限制了 Hg（Ⅱ）对 Hg 甲基化微生物的生物可利用性，而自生源 DOM 促进了甲基汞（MeHg）的形成，这可能是因为 DOM 增强了微生物群落的活性。Jiang 等[59]还研究了长寿湖 DOM 的季节性变化特征及其对 Hg 动态变化的环境影响，结果表明，溶解性 Hg 的动力学是随 DOM 变化特征而非溶解性有机碳（DOC）浓度的变化而变化的。Bravo 等[60]对横跨欧洲纬度的 29 条河流系统中全汞（THg）、甲基汞与 DOM 的相互作用进行了研究，其研究结果揭示了河流中 DOM 的组成与 THg 和 MeHg 浓度之间的相互作用，并在欧洲范围内为水系统汞循环提供了新的视角；研究结果表明，作为典型的欧洲北方研究地点，陆源 DOM 中富集的河流中 THg 浓度最高，这表明其来源是富含有机质的土壤；相较之下，欧洲南部河流富含营养盐和自生源 DOM，而流域输入的 THg 和陆源 DOM 含量较低，MeHg 浓度升高是由原位 MeHg 形成造成的，可能与增强微生物活动有关，这得益于自生藻类 / 微生物产生的 DOM 和硫化物的生物可利用性较高。Zhang 等[61]通过室内模拟实验探讨了 DOM 典型组分富里酸（FA）对 Cd 和十二烷基苯磺酸钠（SDBS）混合队形对斜生栅藻的影响，结果表明，Cd 和 SDBS 对斜生栅藻表现出协同效应，并且随着 FA 的增加而增强。

自然水体有机质的组成十分复杂，对其组成的研究手段主要包括生物标志物、同位素、光学参数等。近年来发展起来的三维荧光光谱法为传统的 DOM 的鉴定提供了新的思路。有色可溶性有机质（CDOM）是 DOM 中具有光学特性的组分，其浓度及迁移转化过程常用特定波长（如 254 nm、350 nm、375 nm、420 nm 或 440 nm）处的吸光度来表示和标记[62-63]。早期，Coble[64]使用三维荧光光谱法研究了水体和陆地生态系统中 CDOM 的差异性，还对 CDOM 的组分进行了初步鉴别。McKnight[53]和 Zsolnay[65]等运用荧光指数法分析了 DOM 的来源、组分及其腐殖化程度。Stedmon[66]等将平行因子分析法应用到荧光可溶性有机质（FDOM）三维荧光的解谱分析后，三维荧光光谱法 – 平行因子分析（EEMs–PARAFAC）技术在水体 DOM 研究中得到广泛应用。

CDOM 通过吸收紫外线，来保护水生生物。同时，在光辐射的作用下，CDOM 也会发生相应的变化：由大分子向小分子有机物和无机盐转化，也就是发生了所谓的光降解现象，这也是近年来的研究热点。我国学者在我国湖泊水体 CDOM 的光学特征、空间分布、组成及来源等方面做了大量研究。周起超等[67]研究了抚仙湖秋、冬季 CDOM 与光衰减特征之间的关系。张柳青等[68]对洪泽湖和骆马湖水体中 CDOM 的来源组成特征进行了分析。王青等[69]分析了太湖流域湖荡湿地 CDOM 的分布和来源。宋玲玲等[70]、牛城等[71]、刘丽贞等[72]、刘剑等[73]、李思佳等[74]、傅平青等[75]分别研究了我国淀山湖、天目湖、鄱阳湖、昆明湖、查干湖、新立城水库、兴凯湖和洱海水体中 CDOM 的光学特征、空间分布、组成特征及来源。上述研究多是针对单一湖泊中 CDOM 的特征展开的。而对于不同类型的湖泊，营养状态、流域特征和盐度等不同也可能导致 CDOM 特征的不同。因此，为全面了解湖泊水环境中 CDOM 的特征，国内外学者开展了相应的不同湖泊 CDOM 的对比分析。张运林等[76]对我国云南高原不同营养类型共计 38 个湖泊的 CDOM 和颗粒物光谱吸收特性进行了调查，结果表明，CDOM 的吸收系数与水体中总氮（TN）的浓度显著正相关，因此导致不同湖泊水体的 CDOM 吸收系数具有显著差异。周永强等[77]对我国长江中下游地区洪湖、东湖和梁子湖水体中 CDOM 的赋存特征进行了分析，发现三个湖泊 CDOM 的组分构成和来源相似，但是 HIX 和 BIX 存在显著差异。施坤等[78]的研究结果表明太湖、巢湖水体中 CDOM 的吸收系数、腐殖酸的相对含量等具有明显的差异。傅平青等[79]对红枫湖和百花湖 DOM 的研究表明，两个湖泊水体中 DOM 存在差异，主要表现在结构、荧光特征以及 DOM 的空间分布上。Zhao 等[80]评估了我国东北松花江流域的 19 个湖泊 CDOM 的来源与水质之间的关系，结果表明，土地覆盖、污染源和水体盐度梯度的空间变化会影响 CDOM 荧光组分和荧光特征。Zhang 等[81]对我国不同营养梯度（贫营养—富营养）的 22 个湖泊的 CDOM

光学吸收特征和营养盐浓度的研究表明，CDOM 的吸收系数随着湖泊水体营养程度的增加而显著增加，高分子量的组分所占比例也更高，CDOM 的吸收系数 α_{254} 可能是比 TN、总磷（TP）、叶绿素 a 和透明度更为敏感的单一指标，并且提出了一个新的利用 CDOM 吸收系数来对湖泊营养状态进行分级的标准，该研究加深了我们对于 CDOM 的输入和循环对湖泊影响的认识。从上述研究结果可以看出，湖泊流域特征、水文条件、营养状态、海拔、盐度等均是湖泊水环境中 DOM 特征的重要影响因素。

综上所述，湖泊沉积物 - 水界面中氮、磷、有机质在不同环境介质中的赋存形态复杂多样，并且不同组分的迁移能力、生物可利用性等特性也具有较大的差异。沉积物 - 水界面作为湖泊环境中最为活跃的界面之一，氮、磷、有机质在其间的迁移转化过程对湖泊水环境及水生态具有重要意义。

1.2.3 湖泊氮、磷、有机质的迁移转化过程

1.2.3.1 湖泊氮的迁移转化

湖泊水环境中氮的迁移和转化过程非常复杂，包括物理作用、化学作用和生物作用等过程[38, 82-84]。湖泊氮的迁移转化主要发生在沉积物 - 水界面，氮迁移是指沉积物和水体中溶解性氮或颗粒态氮在水动力条件和其他外界条件的作用下，以紊流涡旋的方式及扩散的形式在沉积物和水体之间进行相互交换。湖泊水体及沉积物中氮的转化主要包括固氮作用、氨化作用、硝化作用和反硝化作用。湖泊氮的迁移和转化过程见图 1.1[85-86]。固氮作用是大气中的 N_2 进入水体后，在固氮微生物的作用下将 N_2 还原成 NH_4^+-N，该反应要在固氮酶的催化作用下完成[87]。氨化作用是微生物在有氧或缺氧的条件下将大分子有机氮（蛋白质、氨基酸、核酸等）转化为小分子有机氮或无机氮的过程[87-88]。在水 - 沉积物界面，通过氨化作用产生的 NH_4^+-N 除完成各形态氮之间的转化外，其还会通过孔隙水在水体和沉积物之间进行分配，形成浓度差，从而促进 NH_4^+-N 在水 - 沉积物界面进行迁移和转化。硝化作用是在水体或沉

积物中氧气充足的条件下，环境中的NH_4^+-N转化为NO_3^--N的过程，分为两个阶段，一是由氨氧化菌参与的氨氧化过程，二是由亚硝酸盐氧化菌参与的亚硝酸盐氧化过程[89-90]。水体中的NO_3^--N浓度高时，通过扩散作用进入沉积物中进行反硝化作用，其将NO_2^--N和NO_3^--N还原为N_2和N_2O，使氮回到大气中，从而完成河流生态系统氮循环过程[82-83, 91]。

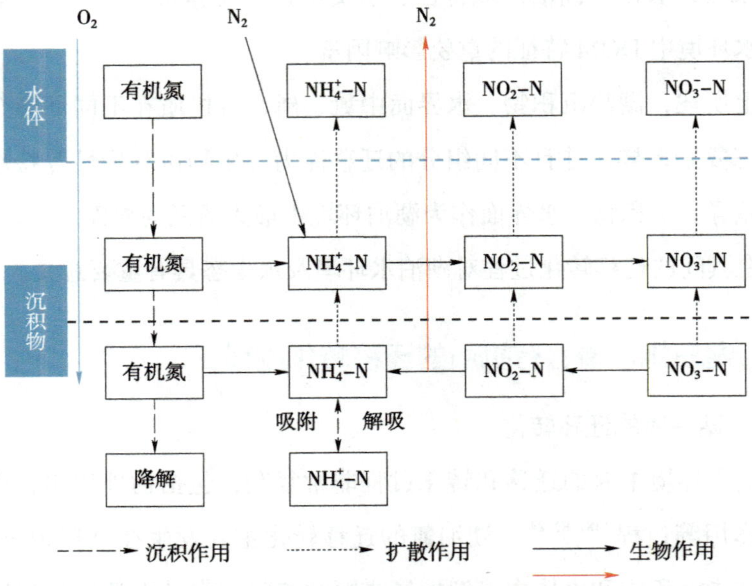

图 1.1 湖泊氮的迁移转化过程[85-86]

1.2.3.2 湖泊磷的迁移转化

地壳中磷的丰度约为0.12%，几乎全部以矿物形式存在{磷灰石、$Ca_5(PO_4)_3$[F、OH或Cl]}[92]。在不受干扰的条件下，磷通常通过岩石风化过程进入环境。在流域内，磷通过稀释扩散和平流输送等机制进行输送，并倾向于在水流速度较慢的区域（如河床、湖泊和河口）沉积[93-94]。这引发了一系列生物地球化学过程，涉及磷在多种介质（水、水悬浮颗粒和水－沉积物）之间的迁移和相互转化（图1.2）。

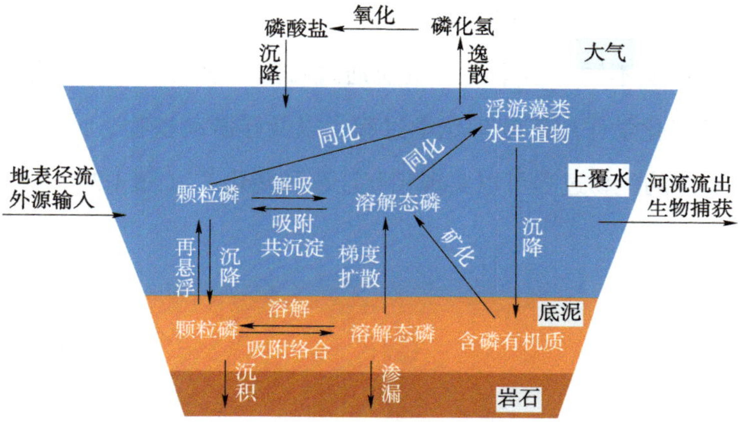

图 1.2　湖泊磷循环 [106]

沉积物和悬浮物都可以作为磷的汇，调节磷的浓度和不同种类磷的比例。在水动力作用下，磷在不同形态（如溶解态磷与颗粒磷、无机磷与有机磷）之间迁移转化。无机磷可以通过生物同化转化为有机磷，而有机磷可以通过各种机制（如酶水解和光矿化）转化回无机磷 [95-98]。沉积物是磷的重要储库，同时也是上覆水体中磷的潜在来源，充当着“源”和“汇”的双重角色 [99-101]。当沉积物 - 水界面环境或生物因素改变时，磷会通过解吸、悬浮、溶解或生物降解等过程，通过间隙水和固相溶解向上覆水释放，来维持和增加湖泊上覆水中磷的浓度 [102]。这也是为什么尽管外源磷输入得到了有效控制，但是有些湖泊的水质恢复和富营养化治理效果并未达到预期效果的原因。控制磷沉积和释放的影响因素包括溶解氧（DO）、pH、温度、水力条件和水生动植物 [103-104]。DO 和 pH 是直接调节水 - 沉积物界面磷的沉积和释放的关键元素。在高 DO 水平下，Fe（Ⅲ）可以与磷形成 FeOOH-P 配合物，从而促进 Fe-P 的沉积 [105]。在厌氧条件下，铁和硫是调控磷迁移的关键元素。硫被 Fe（Ⅲ）氧化生成 FeS_2，诱导 Fe-P 的释放 [103]。在碱性条件下，$CaCO_3$ 过饱和，导致 Ca-P 共沉淀。在酸性条件下，Ca-P 更容易溶解 [105]。与 Ca-P 相比，Fe-P 和 Al-P 是沉积物中相对活跃的组分。磷的不同种类在很大程度上决定了磷的反应性，这对磷的迁移具有重要意义。

1.2.3.3 湖泊有机质的迁移转化

湖泊水环境不同介质中的有机质通过吸附－解吸、溶解、凝聚和缩合、氧化还原及光化学作用等物理化学过程，以及浮游动植物、大中型水生动植物和微生物等的生物过程可以实现相互迁移和转化[47]（图 1.3）。

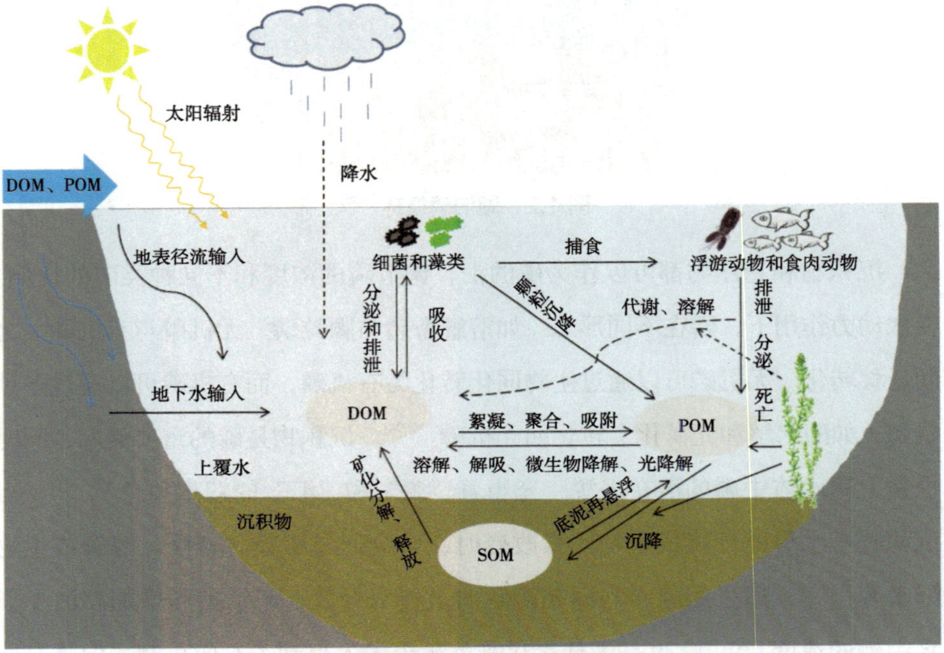

图 1.3 湖泊水环境中有机质的赋存特征及迁移转化[47]

DOM 和 POM 通过聚合－溶解、吸附－解吸、光诱导、生物活动等作用持续不断地进行动态转化[107]，这在有机碳循环、碳与水生生物的相互作用、污染物的生物有效性以及湖泊富营养化中发挥着至关重要的作用[44, 107]。而 POM 与 SOM 之间也存在相互转化的作用机制。POM 在湖泊有机质的沉积过程中发挥着重要作用，水体中部分 POM 沉降或者被水生生物吞食后有可能成为 SOM 的一部分，而当沉积物发生再悬浮时也会造成水体中 POM 浓度升高。

水环境中，SOM 在微生物的作用下主要发生两个作用过程，即矿化分解和腐殖化。SOM 的矿化分解和腐殖化是同时发生的，对于 SOM 而言这是两个相反的作用。矿化分解使 SOM 的分子由大变小，结构由复杂变简单，在 SOM 的矿化分解过程中会释放出二氧化碳（CO_2）、水、氨、磷、钾等物质，这是水体生物和微生物获取养分和能量的一种重要途径，同时也是全球碳循环的一个重要过程 [108-109]。非生物因素，如气温、降水等气候条件以及含水率和氧化还原条件等沉积物理化性质通常被认为是 SOM 矿化的关键因素 [110]。腐殖化作用则使 SOM 的分子结构由简单向复杂发展、分子量由小向大转变，同时 SOM 发生腐殖化作用后也会变得更为稳定。SOM 的矿化和腐殖化是同时发生的，并且受各种环境因素和生物因素的影响，两个过程反应的速度和进行的程度也会有所不同，进而导致 SOM 含量、组成和性质等发生一定程度的变化。

综上所述，世界范围内对湖泊沉积物和水体中氮、磷、有机质赋存特征及迁移转化的研究已经取得了显著进展，但依然面临着诸多挑战，特别是在全球气候变化和人类活动干扰下，湖泊营养盐循环的复杂性和不确定性增加，需要持续深入研究以更好地管理和保护湖泊水环境。尤其对于寒旱区湖泊而言，气候变暖会提高水温，促进沉积物营养盐的释放，加速水体的富营养化 [111-113]。气候变暖还会通过缩短寒冷干旱地区湖泊的结冰期和改变水生植物群落的结构，导致湖泊营养状态的变化 [114]。因此，研究在气候变化下寒冷干旱地区湖泊沉积物 - 水界面上营养盐和有机质的赋存特征、迁移转化以及释放风险，对于湖泊管理和富营养化控制具有重要意义。

1.3　本课题研究概况

1.3.1　研究目标

针对寒旱区湖泊富营养化程度呈加深态势，但营养盐跨界面迁移转化及机理尚不完全明确的现状，本研究以我国内蒙古呼伦湖流域乌兰诺尔湿地为例，开展了相应的研究，具体的研究目标包括：

（1）明确研究区沉积物－水界面氮、磷、DOM 的赋存特征及生物有效性；

（2）阐明沉积物－水界面氮、磷、DOM 的迁移转化特征及其机理；

（3）评估沉积物氮、磷释放风险。

通过上述目标的实现，最终为寒旱区湖泊富营养化防治及水环境改善提供基础的数据支撑和理论依据。如沉积物氮 / 磷含量、污染程度、释放通量等，可以为是否需要开展底泥环保疏浚等内源治理措施提供判断依据；沉积物营养盐含量的空间分布特征，可以为底泥环保疏浚范围的确定提供数据支撑；沉积物有效态氮 / 磷的垂直分布、吸附－解吸平衡浓度等，可以为污染底泥环保疏浚深度的确定提供数据支撑。

1.3.2 研究内容

本研究以内蒙古呼伦湖流域乌兰诺尔湿地为例，将现场原位调查与室内模拟实验相结合，采用沉积物化学连续提取法、薄膜扩散梯度（DGT）技术和高分辨孔隙水采样装置（HR-Peeper）原位提取技术等多技术手段，重点针对以下内容展开了研究。

（1）寒旱区湖泊沉积物－水界面营养盐赋存特征及生物有效性研究

在不同季节开展现场采样和原位观测实验，明确沉积物－水界面碳、氮、磷含量及组分构成，解析碳、氮、磷的空间分布特征及组分构成，并评估沉积物中碳、氮、磷的生物有效性。同时，将现场调查数据和历史数据相结合，分析上覆水氮、磷长时间变化特征。

（2）寒旱区湖泊沉积物－水界面营养盐迁移转化特征及机理研究

开展沉积物营养盐吸附－解吸平衡热力学及动力学实验、沉积物营养盐静态释放等室内模拟实验，分析沉积物－水界面氮、磷的迁移转化特征；通过多指标协同分析，对氮、磷的迁移转化机理进行解析。

（3）寒旱区湖泊沉积物营养盐释放风险评估

根据上述研究结果，通过多指标耦合分析，对沉积物氮、磷释放风险进行评估。

1.3.3　技术路线

本研究技术路线如图 1.4 所示。

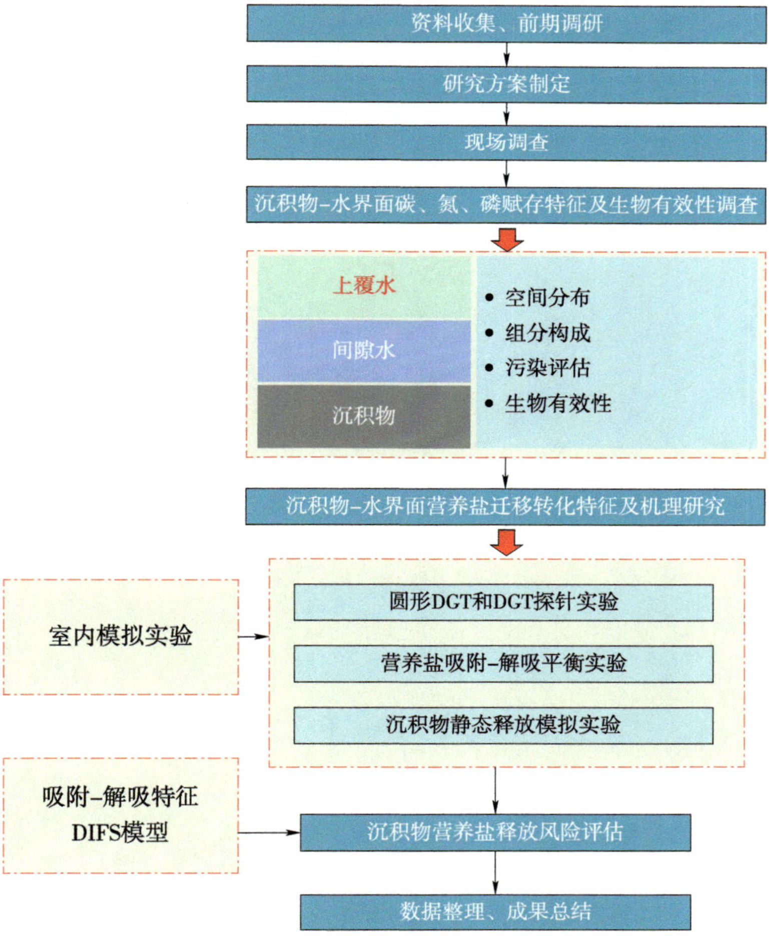

图 1.4　本研究技术路线

第 2 章

研究区概况与研究方法

CHAPTER 2

2.1　研究区概况

2.1.1　地理位置

呼伦湖（又名达赉湖）位于内蒙古自治区东北部，呼伦贝尔市西部，北纬 47°45′50″～49°20′20″，东经 116°50′10″～118°10′10″[115]。乌兰诺尔湿地（北纬 49°00′36.60″～49°07′55.74″，东经 117°48′15.04″～118°03′31.96″）是内蒙古呼伦湖国家级自然保护区的重要区域之一，位于阿拉坦额莫勒镇东南 65 km，呼伦湖南 80 km 处[116]。

2.1.2　地形地貌

研究区位于阿拉坦额莫勒镇东南 65 km，乌尔逊河北流至呼伦湖南 80 km 处，分成两支汇成乌兰泡。乌兰诺尔湿地的地势呈现西南部高、东北部低的地势，主要由低山丘陵、高平原等地貌单元组成。乌兰诺尔湿地位于低山丘陵地带，平均海拔 600～800 m，属于呼伦贝尔高原的一部分。

2.1.3　气候气象

乌兰诺尔湿地位于中温带，为半干旱大陆性气候，全年不同时间温度差异性显著，夏季温度最高但很短暂，冬季温度低，结冰期长达 6 个月[117]。呼伦湖流域年平均日照时间为 3 104.7 h，太阳辐射强度较大。

受大气环境及地形影响，呼伦湖流域全年以西北风为主导风向。6—7 月受大陆低压和副高压影响多为东北风。年平均风速为 4～5 m/s，大于 17 m/s 的大风天数在 40 d 以上。

乌兰诺尔湿地年降水量少，为 260 mm，变化率大，多集中于夏秋两季，降水强度小而蒸发量大，蒸发量是降水量的 7.6 倍。冬季降雪日长，积雪平均持续 173 d，年平均结冰天数为 163 d，平均冰厚为 110 cm，最大冰厚为 116 cm。

2.1.4 土地利用

2.1.4.1 土壤

乌兰诺尔湿地是乌尔逊河的牛轭湖，北端与乌尔逊河相通。乌兰诺尔湿地水面随河水涨落而变化，丰水期向南北延长，枯水期缩短。乌兰诺尔湿地两侧地形变化明显，土壤为河湖沉积粟钙土。向西南则缓慢增高，植被类型水体边缘为盐生草甸和沼泽植被，以芦苇、画眉草、野大麦、碱蒿、碱蓬等为主，地形倾斜略高处则以红纱、白刺为主。土壤类型由低到高依次为碱化沼泽土或盐化灰色草甸土—碱化粟钙土—粟钙土[118]。

2.1.4.2 植被

乌兰诺尔湿地沿岸土壤为粟钙土—草甸粟钙土—草甸黑钙土。沿河较远的两侧高亢地以旱生或中旱生的丛生禾草植被为主[118]。乌兰诺尔湿地因地下水位高，土壤经常保持湿润状态。草群种类组成丰富，以中生草体植物为主体。草群盖度在80%以上，高度为17～35 cm，每平方米有10种以上植物。乌兰诺尔湿地的浅水中生长着多种水生植物，为鱼类生长提供了丰富的饵料。乌兰诺尔沿岸盛产芦苇，南部还少量分布着盐灌木红纱[118]。

2.1.4.3 芦苇沼泽

乌兰诺尔湿地核心区以流经乌兰诺尔地段的乌尔逊河河流湿地为主。它由乌尔逊河及其两岸的芦苇沼泽、柳灌丛等湿地构成，是鸟类繁殖的重要区域，也是鱼类洄游、产卵的重要区域。同时，乌兰诺尔湿地核心区也是保护区鸟类集中分布数量最多且生物多样性最丰富的区域，有着繁茂且生长良好的柳灌丛和芦苇沼泽群落[117]。

2.1.5 河流水系

乌兰诺尔湿地是由乌尔逊河支流汇聚而成的水面，乌尔逊河位于呼伦湖东南侧，是呼伦湖主要补给水源之一。乌尔逊河发源于贝尔湖，是呼伦湖和贝尔湖的连接通道。乌尔逊河全长 223 km，流域面积达 10 528 km^2，平均河宽 47 km。乌兰诺尔湿地位于乌尔逊河中段、呼伦湖南 83 km 处，丰水期东西长 15～17 km，南北宽 2～5 km，面积 75 km^2 左右。

2.2 样品采集及预处理方法

2.2.1 采样点布设

2022 年 5 月、8 月和 11 月对乌兰诺尔湿地上覆水和沉积物开展密集调查，共布设采样点位 20 个，采样点顺序命名：W1～W20，采样布点如图 2.1 所示。

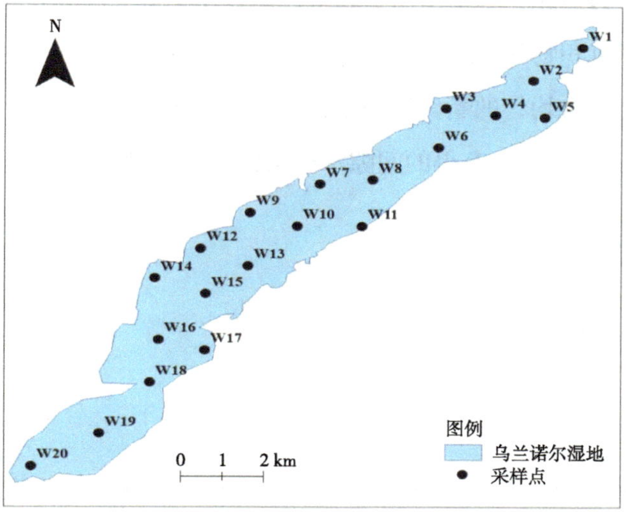

图 2.1 呼伦湖流域乌兰诺尔湿地采样布点

2.2.2 样品采集与预处理

（1）上覆水

表层上覆水样品利用有机玻璃采水器进行采集，采集的上覆水样品装于干净的样品瓶中，于保温箱中 4℃保存，并尽快送至实验室。

（2）表层沉积物

表层沉积物样品使用Beeker柱状采样器（Eijkelkamp，04.23.SA，Netherlands，NL，Φ=12 cm）进行采集，沉积物样品装于干净的自封袋中，同上覆水一起保存，并尽快运送至实验室。采集的沉积物样品首先放入超低温冰箱冷冻，然后放入 -50℃真空冷冻干燥机中冷冻干燥。将冷冻干燥后的沉积物样品研磨过筛（100 目尼龙筛）后置于干净的样品袋中保存，以备后续相关指标的分析测试使用。

（3）柱状沉积物

使用Beeker柱状采样器（Eijkelkamp，04.23.SA，Netherlands，NL，Φ=12 cm）采集柱状沉积物样品，采样管底部用塞子塞紧，采样管外部包裹一层黑色塑料袋避光，尽快运回实验室，运送途中避免颠簸。

（4）表层沉积物间隙水

取一定量混合均匀的新鲜沉积物样品分装于 100 mL 离心管中，离心过滤（7 000 r/min，15 min），获得的间隙水冷藏保存，待测。

2.3 室内模拟实验

2.3.1 高分辨率 Peeper 和 DGT 装置的应用

高分辨率 Peeper（HR-Peeper）技术是一种用于测定沉积物间隙水中物质浓度的原位采样技术，具有高空间分辨率和原位测量的特点。HR-Peeper 装置的主体由很多相同体积的小室组成，小室两侧分别覆盖一层滤膜（0.45 μm），小室内预先封装采样介质（如去离子水或电解质溶液），并进行充氮去氧后插入沉积物中。利用滤膜的特性，使沉积物孔隙水中一些可溶离子和分子通过滤膜与 HR-Peeper 装置中的采样介质进行物质交换，放置一段时间后达到平衡，通过测定小室内溶液浓度来计算孔隙水中离子浓度。HR-Peeper 技术的优点是可以从湿地土壤或沉积物等环境界质中分离出可溶性目标物质，采样过程中不影响环境界质的原有特性，不对环境造成污染。HR-Peeper 技术广泛应用于湖泊、河流、海洋等水体沉积物间隙水中重金属、营养盐等物质浓度的测定 [119-120]。

薄膜扩散梯度技术（Diffusive Gradients in Thin-films，DGT）是一种用于检测水体、沉积物和土壤中元素和化合物的环境化学技术 [121]。利用 DGT 可以在自然环境中进行原位测量，能有效模拟生物体对目标离子（重金属、氮、磷等）的吸收过程，并且可以进行高空间分辨率的测量，适用于研究环境微界面的化学过程。近年来，DGT 在湖泊氮、磷营养在沉积物 - 水界面的迁移转化过程、生物有效性评估等研究中得到了广泛应用。本研究利用 DGT 探针和圆形 DGT 实验来研究沉积物 - 水界面氮、磷的垂直分布、生物可利用性和释放风险。

（1）HR-Peeper 装置和 DGT 探针的投放

将采集的柱状沉积物放置在室内避光处，待沉积物 - 水界面条件稳定后，先插入 HR-Peeper 装置，24 h 后再将测定氨氮、硝氮和磷酸盐的平板式双面 ZrO-AT DGT 探针放置在沉积物 - 水界面，24 h 后取出 DGT 探针和 HR-Peeper，分析氨氮、硝氮和磷酸盐的 DGT 浓度以及间隙水浓度剖面或图像。最后，将柱状沉积物切割分层，测定沉积物氮、磷总量、形态及其他理化性质。

将采集的表层沉积物放置在实验室培育箱中，温度调整为湖泊现场温度，待环境条件稳定后，将测氮、磷的 ZrO-AT 圆形 DGT 放置在表层沉积物中 24 h，然后取出圆形 DGT，测定氮、磷的浓度。最后，分析表层沉积物的理化性质（如密度、空隙率）以及表层沉积物氮、磷含量。

（2）HR-Peeper 和 DGT 固定膜中氮、磷的提取方法

将清洁后的 HR-Peeper 装置平放在干净台面上，盖上一层干净的保鲜膜，用 200 μL 的移液枪从上至下依次将孔隙水样品取出，装到密封的离心管中。根据要检测的目标物，向孔隙水样品中加入酸或其他试剂进行保存，冷藏或

冷冻后待分析。

圆形 DGT：DGT 装置在恒温条件下放置 24 h 后，取出膜心（DGT Core），用去离子水冲洗膜心表面，然后将膜心撬开，取出固定膜，直接放入离心管中提取，或者将固定膜放入自封袋中，并滴入少量去离子水密封后，4℃条件下保存待分析。磷采用 1 mol/L 的 NaOH 溶液提取，氨氮和硝态氮采用 1 mol/L 的 NaCl 溶液提取。

DGT 探针：用塑料镊子从 DGT 装置中取出固定膜，用去离子水冲洗膜表面。将取出后的膜置于陶瓷切片刀上，轻轻按压切成条状，切片后的所有条状固定膜依次放到离心管中，加入 1 mol/L 的 NaCl 提取液（提取液体积用量根据固定膜切片宽度确定，1 mm、2 mm、3 mm、4 mm、5 mm……固定膜相应需要 0.4 mL、0.8 mL、1.2 mL、1.6 mL、2 mL……提取液），室温下静置提取 24 h，收集提取液用于氨氮和硝态氮的测定。然后，固定膜用去离子水清洗 2 h，倒出水，在装膜的离心管中加入 1 mol/L 的 NaOH，室温下静置提取 24 h，收集提取液用于磷的测定。

（3）HR-Peeper 和 DGT 探针提取氮、磷浓度的测定

HR-Peeper 和 DGT 提取液中磷浓度的测定采用磷钼蓝微孔板分光光度法[122]；氨氮浓度的测定采用纳氏试剂微孔板分光光度法；硝态氮浓度的测定采用酚二磺酸微孔板分光光度法。

圆形 DGT 提取的氮、磷浓度（C_{DGT}）按以下公式计算：

$$M=\frac{C_{\mathrm{e}}(V_{\mathrm{e}}+V_{\mathrm{g}})}{f_{\mathrm{e}}} \tag{2.1}$$

$$C_{\mathrm{DGT}}=\frac{M\Delta g}{DAt} \tag{2.2}$$

式中，C_{e} 为提取液氮 / 磷浓度，mg/L；V_{e} 为提取剂体积，mL；V_{g} 为固定相体积（圆片一般记为 0.2 mL）；f_{e} 为氮 / 磷提取率（NH_4^+：0.843，NO_3^-：1.03，P：0.955）；M 为固定膜中氮 / 磷的累积量，μg；Δg 为扩散层厚度，cm；D

为离子在 DGT 扩散层中的扩散系数，cm^2/s；A 为每一个圆片膜的面积，取 3.14 cm^2；t 为 DGT 装置的放置时间，s。

DGT 探针固定膜切片中提取的氮、磷浓度（C_{DGT}）按以下公式计算：

$$M = \frac{C_e V_e}{f_e} \tag{2.3}$$

$$C_{DGT} = \frac{M \Delta g}{DAt} \tag{2.4}$$

式中，C_e 为提取液氮 / 磷浓度，mg/L；V_e 为提取剂体积，mL；f_e 为氮 / 磷提取率（NH_4^+：0.843，NO_3^-：1.03，P：0.955）；M 为固定膜中氮 / 磷的累积量，μg；Δg 为扩散层厚度，cm；D 为离子在 DGT 扩散层中的扩散系数，cm^2/s；A 为每一个条状膜的面积，cm^2；t 为 DGT 装置的放置时间，s。

2.3.2　沉积物营养盐吸附热力学实验

（1）沉积物磷吸附 - 解吸热力学实验

用磷酸二氢钾配制磷的系列浓度：0 mg/L、0.01 mg/L、0.02 mg/L、0.05 mg/L、0.1 mg/L、0.2 mg/L、0.5 mg/L、1 mg/L、2 mg/L、5 mg/L、10 mg/L 和 20 mg/L。按水土比 100∶1 在离心管中加入沉积物和不同浓度的含磷溶液。在 25℃下恒温振荡 24 h，离心（10 000 r/min，10 min），取上清液过 0.45 μm 纤维滤膜后，采用钼锑抗分光光度法测定可溶性无机磷浓度。以上处理设 3 个平行样，相对误差小于 5%。

（2）沉积物氮吸附 - 解吸热力学实验

用氯化铵分别配置氮的系列浓度：0 mg/L、0.15 mg/L、0.2 mg/L、0.5 mg/L、1 mg/L、1.5 mg/L、2 mg/L、5 mg/L、10 mg/L、20 mg/L。按水土比 100∶1 在离心管中加入沉积物和不同浓度的含氮溶液。在 25℃下恒温振荡 24 h，离心（10 000 r/min，10 min），取上清液过 0.45 μm 纤维滤膜后用纳氏试剂法测定氨氮浓度。以上处理设 3 个平行样，相对误差小于 5%。

2.3.3 沉积物营养盐吸附动力学实验

称取一定量的表层沉积物样品置于100 mL离心管中，加入不同吸附实验的相关药剂，如氮的吸附平衡需加入氯化铵，磷的吸附平衡需加入磷酸二氢钾等溶液，盖紧瓶盖摇匀后放于摇床中控温振荡［(25±1)℃，220 r/min］并开始计时，每隔一定时间（t，0 min、0.5 min、1 min、2 min、5 min、10 min、20 min、60 min、120 min、240 min）取出相应的离心管，离心过滤。取一定体积的上清液，用国标法测定该时间点游离态氮、磷浓度。另外，利用下式计算沉积物对氮、磷的吸附速率［v_t，mg/（kg·min）］。

$$Q_t = \frac{(C_0 - C_t)V}{m} \tag{2.5}$$

$$v_t = \frac{Q_t}{t} \tag{2.6}$$

式中，Q_t为t时刻沉积物对氮、磷的吸附量，mg/kg；C_0为初始提取液中氮、磷浓度，mg/L；C_t为t时刻提取液中氮、磷浓度，mg/L；V为提取液体积，mL；m为沉积物质量，g；t为取样时刻距离动力学实验开始的时间，min。

2.3.4 沉积物营养盐静态释放室内模拟实验

用柱状采样器在预先设定的采样点采集沉积物柱状样品，泥样厚度不小于25 cm，采样管上下两端用橡皮塞固定，外部用黑色塑料袋包裹严实避免光照，运输过程中竖直放置，尽量避免扰动。样品带回实验室后，用虹吸管小心地将沉积物柱状上层的上覆水体吸走，然后用虹吸管小心地将采集的与柱状沉积物同点位的上覆水样（1.8 L）注入采样管中，并标注最终液面的位置。所有采样管均垂直放在室内荫蔽处培养，避免阳光直射。为避免注水扰动，待沉积物柱状样芯稳定后，立刻取每个采样管中的原水样作为初始水样，在随后的培养过程中，分别在第0 d、1 d、2 d、3 d、4 d、5 d、6 d、7 d、8 d、

9 d、10 d、11 d、13 d 取水样 100 mL 用于分析测试，取样后向采样管中补充对应该采样的上覆水样至先前标注的液面刻线处。每次取得的水样测定氮、磷浓度。

氮、磷的每日释放通量按式（2.7）计算：

$$R_{n+1}=\left\{C_{n+1}\cdot V_1-\left[C_n\cdot\left(V_1-V_2\right)+C_0\cdot V_2\right]\right\}/\left[\left(t_{n+1}-t_n\right)\cdot A\right] \tag{2.7}$$

式中，R_{n+1} 为第 n+1 天释放速率，mg/（m^2 · d）；C_{n+1} 为第 n+1 天水柱中氮、磷的浓度，mg/L；C_n 为第 n 天水柱中氮、磷的浓度，mg/L；C_0 为原水过滤后水体中氮、磷的浓度，mg/L；V_1 为采样管中上覆水的体积，L；V_2 为每次取样体积，L；A 为采样管的横截面面积，m^2；t_{n+1}、t_n 分别为释放的第 n+1 和 n 天，d。

2.4　分析测试指标及分析方法

2.4.1　上覆水指标分析测试方法

2.4.1.1　上覆水基本理化指标的测定方法

采用多参数水质分析仪现场测定水体的 pH、温度（T）和溶解氧（DO）。

2.4.1.2　上覆水中氮相关指标的测定方法

（1）TN：采用过硫酸钾消解紫外分光光度法（HJ 636—2012）测定；

（2）溶解性总氮（DTN）：采用过硫酸钾消解 - 紫外分光光度法（HJ 636—2012）测定；

（3）颗粒态氮（PN）：TN 与 DTN 的浓度差；

（4）氨氮（NH_4^+-N）：采用纳氏试剂分光光度法（HJ 535—2009）测定；

（5）硝态氮（NO_3^--N）：采用紫外分光光度法（HJ/T 346—2007）测定；

（6）溶解性有机氮（DON）：本次调查水体中亚硝氮浓度较低，本次忽略不计，DON 浓度为 DTN 浓度减去 NH_4^+-N 和 NO_3^--N 的浓度差。

2.4.1.3 上覆水中磷相关指标的测定方法

（1）TP：采用碱性硫酸钾消解－钼酸铵分光光度法（GB 11893—89）测定；

（2）溶解性总磷（DTP）：采用碱性硫酸钾消解－钼酸铵分光光度法（GB 11893—89）测定；

（3）颗粒态磷（PP）：TP 和 DTP 的浓度差；

（4）溶解性无机磷（DIP）：采用钼酸铵分光光度法（GB 11893—89）测定；

（5）溶解性有机磷（DOP）：DTP 与 DIP 的浓度差。

2.4.1.4 上覆水中有机质相关指标的测定方法

（1）DOC：上覆水样品首先过 0.45 μm 滤膜，过滤水中的 DOC，采用总有机碳自动测定仪（TOC-V，SHIMADZU，日本）进行测定，检出限为 0.05 mg/L。

（2）DOM 的全波长扫描：采用紫外－可见分光光度计（D5000，哈希，美国）对水样中 DOM 的全波长进行扫描（波长范围：200～700 nm；步长：1 mm；中速），同步扫描对照的超纯水样品。对预处理后的上覆水测定其吸光度后，按照式（2.3）对 210～530 nm 处的吸光度进行拟合，将拟合得到的 α_0、S 和 K 值，分别代入式（2.8）中，重新计算并得出每个样品在 210～259 nm 处的吸光度，用其替换每个样品在 210～259 nm 处的原始吸光度，进而得到校正后的 210～530 nm 处的吸光度。通过校正，消除了波长在 210～259 nm 区间中硝氮、亚硝酸盐对类蛋白峰强度的影响，使计算结果更加准确。

$$A_\lambda = \alpha_0 e^{\lambda S} + K \tag{2.8}$$

式中，A_λ 为波长 λ 处的吸光度；S 为指数斜率参数；K 为背景参数；α_0 为吸收系数。

使用 DOM 在 254 nm 处的吸收系数（α_{254}，m^{-1}）表征 DOM 中 CDOM 的浓度，α_{254} 的计算公式如下[123]：

$$\alpha_{254}=2.303A_{254}/L \quad (2.9)$$

式中，A_{254} 和 L 分别为 254 nm 处 DOM 的吸光度以及比色皿的光程（0.1 m）。

（3）DOM 的三维荧光扫描：使用荧光分析仪（Hitachi，F7000，日本）扫描水样中 DOM 的荧光光谱，用 150 W 氙灯作为激发光源，PMT 电压设为 400 V；λ_{Ex} 和 λ_{Em} 的范围设定值分别为 210～450 nm 和 250～530 nm，波长增量、狭缝宽度、扫描速度的设定值分别为 2 nm、10 nm 和 12 000 nm/min[124]。

在扫描水样 DOM 的三维荧光光谱时，同步测定超纯水的三维荧光光谱，并将每个样品测得的荧光光谱减去超纯水的荧光光谱。然后利用全波长扫描得到的校正后的 210～530 nm 处的吸光度，对三维荧光光谱 λ_{Ex} 在 210～400 nm 区间和 λ_{Em} 在 250～530 nm 区间的吸光度进行校正，得到 λ_{Ex} 在 210～400 nm 区间和 λ_{Em} 在 250～530 nm 区间的校正吸光度，再根据式（2.5）对 λ_{Ex} 在 210～400 nm 区间和 λ_{Em} 在 250～530 nm 区间的三维荧光光谱进行校正，得到校正后的三维荧光光谱。

$$F_{corr}=F_{obs}\times 10^{[(OD_{Ex}+OD_{Em})/2]} \quad (2.10)$$

式中，F_{corr} 和 F_{obs} 分别为校正后的三维荧光光谱和校正前的三维荧光光谱；OD_{Ex} 和 OD_{Em} 分别为 λ_{Ex} 在 210～400 nm 区间和 λ_{Em} 在 250～530 nm 区间的校正吸光度。DOM 的荧光还可能受到 pH 和金属离子的影响，但是影响不大，可忽略不计。在 MATLAB 软件中使用 DOM Fluor 工具箱运行 PARAFAC 模型，对预处理后的三维荧光数据进行分析[125]，确定 DOM 荧光组分的最优个数[125]。

FI 为 λ_{Ex}=370 nm 时，λ_{Em}=450 nm 和 λ_{Em}=500 nm 处的荧光强度的比值[53]。HIX 为 λ_{Ex}=255 nm 时，λ_{Em} 为 435～480 nm 范围的峰值面积与 λ_{Em} 为 300～345 nm 范围的荧光峰值面积的比值[51]。

2.4.2 沉积物指标分析测试方法

2.4.2.1 沉积物基本理化指标的测定方法

沉积物的 pH 和氧化还原电位（ORP）分别采用 pH 电极和 ORP 电极现场测定；含水率采用 105℃烘干重量法测定；容重采用环刀法测定；粒径采用激光粒度仪测定。

2.4.2.2 沉积物氮形态测定方法

沉积物中的氮可分为游离态氮、可交换态氮、酸解态氮和残渣态氮。采用连续提取法[126]测定沉积物中的氮形态，其中游离态氮为离心所得间隙水中氮的含量；可交换态氮、酸解态氮的提取液分别为 2 mol/L 的 KCl 溶液和 6 mol/L 的 HCl 溶液，残渣态氮用凯氏定氮法测定。

2.4.2.3 沉积物磷形态测定方法

采用改进的沉积物磷形态提取方法，将无机磷形态分为弱吸附态无机磷（$WA-P_i$）、潜在活性无机磷（$PA-P_i$）、Fe/Al 结合态无机磷（$Fe/Al-P_i$）和 Ca 结合态无机磷（$Ca-P_i$）；将有机磷形态分为弱吸附态有机磷（$WA-P_o$）、潜在活性有机磷（$PA-P_o$）、中活性有机磷（$MA-P_o$）和非活性有机磷（$NA-P_o$）[127]。其中，弱吸附态磷提取剂为 1 mol/L NH_4Cl，潜在活性磷提取剂为 0.5 mol/L $NaHCO_3$，Fe/Al 结合态磷提取剂为 0.1 mol/L NaOH，Ca 结合态磷提取剂为 1 mol/L HCl。

2.4.2.4 沉积物有机质形态测定方法

沉积物有机质总量以总有机碳（TOC）的含量表征，沉积物有机质的化学组分包括水提态有机质（WEOM）、胡敏素（HM）、富里酸（FA）和胡敏酸（HA），各组分含量采用连续提取法[128]测定，具体步骤如下：

第 1 步：取 1 g 悬浮物干样，加入 50 mL 超纯水，水浴振荡（25℃，1 h）后离心，上清液用 0.45 μm 滤膜过滤（下同），得到 WEOM。

第 2 步：用饱和 NaCl 溶液清洗第 1 步残渣后，加入 50 mL NaOH

（1 mol/L）$-Na_4P_2O_7$（0.1 mol/L）混合溶液，并用 0.1 mol/L 的 HCl 调节 pH 至 13，25℃振荡 1 h 后离心，分离得到上清液和残渣。

第 3 步：用饱和 NaCl 溶液清洗第 2 步残渣，将残渣烘干（55℃）后得到 HM。

第 4 步：取 20 mL 第 2 步的上清液，用 H_2SO_4（0.5 mol/L）调节 pH 至 1.0～1.5 后，在 60℃水浴中保持 1.5 h，静置 8 h 后，离心，过滤，上清液为 FA。

第 5 步：将第 4 步过滤后滤纸上的残留物溶解到温热的 NaOH（0.05 mol/L）溶液中，得到 HA。

采用总有机碳自动测定仪（TOC-V，SHIMADZU，日本）测定 WEOM、FA 和 HA 提取液中 DOC 的浓度后，根据沉积物的重量进一步换算出沉积物中 WEOM、FA 和 HA 的含量，单位为 g/kg。HM 为悬浮物中 TOC 含量减去 WEOM、FA 和 HA 含量之和，单位为 g/kg。

沉积物中各有机质组分含量的计算公式如下：

$$\omega = \frac{C \cdot V}{m} \tag{2.11}$$

式中，ω 为沉积物中各有机质组分的含量，g/kg；C 为过滤液中各有机质组分的浓度，mg/L；V 为提取液体积，L；m 为沉积物质量，g。

2.4.3　间隙水指标分析测试方法

2.4.3.1　间隙水中氮相关指标的测定方法

（1）DTN：采用过硫酸钾消解紫外分光光度法（HJ 636—2012）测定；

（2）NH_4^+-N：采用纳氏试剂分光光度法（HJ 535—2009）测定；

（3）NO_3^--N：采用紫外分光光度法（HJ/T 346—2007）测定。

2.4.3.2　间隙水中磷相关指标的测定方法

（1）DTP：采用碱性硫酸钾消解 - 钼酸铵分光光度法（GB 11893—89）测定；

（2）IP：采用钼酸铵分光光度法（GB 11893—89）测定。

2.5 数据处理方法

2.5.1 沉积物氮 / 磷吸附等温模型及参数计算

吸附 - 解吸热力学实验中，达到吸附 - 解吸平衡状态时沉积物氮 / 磷的吸附量（Q_e）计算公式如下：

$$Q_e = \frac{(C_0 - C_e) \times V}{m} \tag{2.12}$$

式中，C_0 为初始氮 / 磷浓度，mg/L；C_e 为达到吸附 - 解吸平衡状态时溶液中氮 / 磷的浓度，mg/L；V 为提取液体积，mL；m 为沉积物质量，g。

采用 Langmuir 等温吸附模型和 Freundlich 等温吸附模型对沉积物氮、磷的吸附等温线进行拟合，分别如式（2.13）和式（2.14）所示：

$$Q_e = \frac{Q_{max} \times K \times C_e}{1 + KC_e} \tag{2.13}$$

$$Q_e = K_F \times C_e^n \tag{2.14}$$

根据 Langmuir 等温吸附模型计算沉积物磷 / 氮的本底吸附量（NAP/NAN）和磷 / 氮吸附 - 解吸平衡浓度（EPC_0/ENC_0），公式[129]如下：

$$\mathrm{NA} = \frac{Q_{max} \times K \times C_e^0}{1 + K \times C_e^0} - Q_e^0 \tag{2.15}$$

$$\mathrm{EC}_0 = \frac{NA}{K \times (Q_{max} - \mathrm{NAP})} \tag{2.16}$$

式中，Q_{max} 为理论最大吸附量，mg/g；K 为亲和力系数，L/mg；C_e^0 为初始磷 / 氮浓度为 0 mg/L 时，达到吸附 - 解吸平衡状态时溶液中磷 / 氮的浓度，mg/L；C_e^0 为初始磷 / 氮浓度为 0 mg/L 时，达到吸附 - 解吸平衡状态时沉积物对磷 /

氮的吸附量，mg/g。

根据 Freundlich 等温吸附模型计算沉积物磷 / 氮的本底吸附量（NAP/NAN）和磷 / 氮吸附 – 解吸平衡浓度（EPC_0/ENC_0），公式[129]如下：

$$NA = K_F \times (C_e^0)^n - Q_e^0 \tag{2.17}$$

$$EC_0 = \sqrt[n]{\frac{NA}{K_F}} \tag{2.18}$$

式中，K_F 为吸附系数，L/g；C_e^0 为初始磷 / 氮浓度为 0 mg/L 时，达到吸附 – 解吸平衡状态时溶液中磷 / 氮的浓度，mg/L；Q_e^0 为初始磷 / 氮浓度为 0 mg/L 时，达到吸附 – 解吸平衡状态时沉积物对磷 / 氮的吸附量，mg/g；n 为常数。

2.5.2 沉积物氮 / 磷吸附动力学模型及参数计算

采用 Elovich 吸附动力学模型[130]对吸附动力学曲线进行拟合，公式如下：

$$Q_t = \frac{1}{\beta}\ln(\alpha\beta) + \frac{1}{\beta}\ln t \tag{2.19}$$

式中，Q_t 为 t 时刻沉积物对氮 / 磷的吸附量，mg/g；α 为初始吸附速率，mg/（g · min），这个参数反映了吸附剂表面活性位点的初始吸附能力，α 值越大，说明吸附剂在吸附初期的吸附速率越高；β 是解吸常数，g/mg，它与吸附剂表面的吸附能有关，体现了吸附剂表面的吸附能分布情况，β 值越大，表明吸附能分布越不均匀，吸附过程越复杂，可能涉及多种吸附机制。

2.5.3 DIFS 模型及参数获取

DGT 诱导的沉积物通量（DIFS）模型是一种用于模拟 DGT 装置在沉积物和土壤中诱导的溶质通量的数值模型。DIFS 模型基于 DGT 技术，通过模拟 DGT 装置在沉积物和土壤中的吸附过程，描述了分析物在固相和液相之间的交换动力学[121]。该模型考虑了 DGT 装置与沉积物 / 土壤之间的相互作用，包括溶质在孔隙水中的扩散以及从固相到液相的再补给过程。DIFS 模型广泛应用于研究沉积物和土壤中重金属、营养盐和有机污染物的迁移和转化[131-132]。

DIFS 模型的输入参数包括：沉积物孔隙率 Φ_s、扩散层孔隙度 Φ_d、扩散层厚度 Δg、颗粒物浓度 ρ_c、沉积物中有效扩散系数 D_s、扩散层扩散系数 D_d、DGT 投放时间 T、再补给系数 R、固液分配系数 K_d，其中 ρ_c、Φ_s、R、K_d、D_s 分别通过以下公式计算得到：

$$\rho_c = \frac{W_1}{(W_0 - W_1)\rho_W} \tag{2.20}$$

$$\Phi_s = \frac{d_p}{\rho_c + d_p} \tag{2.21}$$

$$R = \frac{C_{DGT}}{C_{solu}} \tag{2.22}$$

$$K_d = \frac{C_s}{C_{solu}} \tag{2.23}$$

$$D_s = \frac{D_0}{1 - 2\ln\Phi_s} \tag{2.24}$$

式中，W_0 为 105℃烘干前沉积物的质量；W_1 为 105℃烘干后沉积物的质量；ρ_w 为 25℃时水的密度；d_p 为标准颗粒物的密度（2.65 g/cm^3）；C_{DGT} 为圆形 DGT 提取的磷浓度；C_{solu} 为间隙水中可溶性磷的浓度；C_s 为沉积物磷储库，为沉积物中弱吸附态磷和潜在活性磷的浓度之和；D_0 为活性磷在水中的扩散系数；Φ_s 为沉积物的颗粒物孔隙率。

将上述参数输入 DIFS 模型中得到特征参数：沉积物中磷的响应时间（T_c）和沉积物对磷的解吸系数（K_{-1}）。

第3章

上覆水氮、磷、有机质的赋存特征

CHAPTER 3

CHARACTERISTICS OF THE OCCURRENCE,
MIGRATION AND TRANSFORMATION OF ENDOGENOUS
POLLUTANTS IN LAKES IN COLD REGIONS

3.1　上覆水基本理化特征

乌兰诺尔湿地上覆水基本理化指标如表 3.1 所示。乌兰诺尔湿地上覆水 pH 在 8.39～9.82，5 月、8 月和 11 月 pH 的平均值分别为 8.99、9.60 和 8.73，水体呈碱性。5 月、8 月和 11 月水温分别在 14.2～20.8℃、9.5～22.8℃和 0.2～2.6℃，平均温度分别为 15.5℃、19.5℃和 1.0℃。水体 DO 含量在 8.70～17.07 mg/L，其中 11 月水体 DO 含量最高，平均值为 13.17 mg/L，5 月水体 DO 含量相对最低，平均值为 9.54 mg/L，8 月水体 DO 含量在 8.70～17.07 mg/L，平均值为 11.79 mg/L，调查的 3 个月份乌兰诺尔湿地上覆水 DO 含量均达到地表水 I 类水质标准。

表 3.1　乌兰诺尔湿地上覆水基本理化指标

项目	水温 /℃			pH			DO/（mg/L）		
	5 月	8 月	11 月	5 月	8 月	11 月	5 月	8 月	11 月
平均值	15.5	19.5	1.0	8.99	9.60	8.73	9.54	11.79	13.17
最小值	14.2	9.5	0.2	8.88	8.98	8.39	9.12	8.70	12.26
最大值	20.8	22.8	2.6	9.10	9.82	9.17	11.52	17.07	13.78

另外，还测定了 5 月乌兰诺尔湿地的水深，空间分布如图 3.1 所示，湖泊水深在 80～280 cm，平均水深为 166 cm。乌兰诺尔湿地水深整体上呈现湖泊西南部低于湖泊中部和东北部的空间分布趋势。

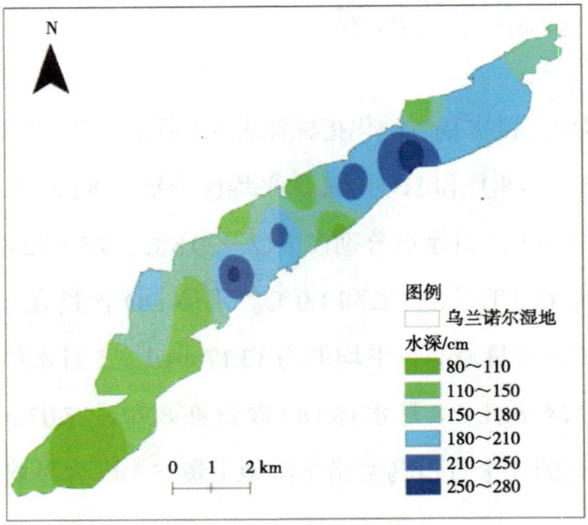

图 3.1 乌兰诺尔湿地水深的空间分布

3.2 上覆水磷赋存特征

3.2.1 上覆水磷的时空分布特征

3.2.1.1 上覆水总磷的历年变化

结合 2018—2021 年历史监测数据及 2022 年监测数据对乌兰诺尔湿地上覆水 TP 浓度的历年变化特征进行分析。如图 3.2 所示，2018—2020 年乌兰诺尔湿地上覆水中 TP 浓度呈逐年下降趋势，TP 浓度由劣Ⅴ类水平降至Ⅴ类水平；2021 年和 2022 年 TP 浓度有所上升，但是仍维持在Ⅴ类水平。

3.2.1.2 上覆水总磷的空间分布特征

乌兰诺尔湿地 5 月、8 月和 11 月上覆水中 TP 浓度分别在 0.17～0.45 mg/L、0.03～0.11 mg/L 和 0.06～0.20 mg/L，平均浓度分别为 0.27 mg/L、0.08 mg/L 和 0.15 mg/L。如图 3.3 所示，乌兰诺尔湿地上覆水中 TP 表现出显著的空间分布差异性（$P<0.01$），整体呈由东北部向西南部递增的空间分布特征，高值区主要分布在湖区西南部。

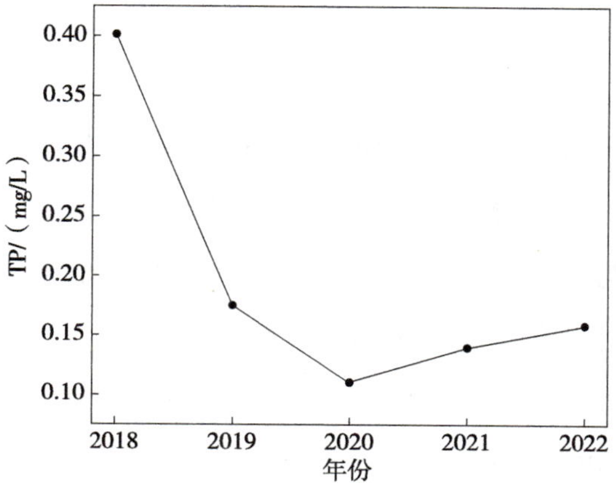

图 3.2　乌兰诺尔湿地上覆水 TP 浓度历年变化

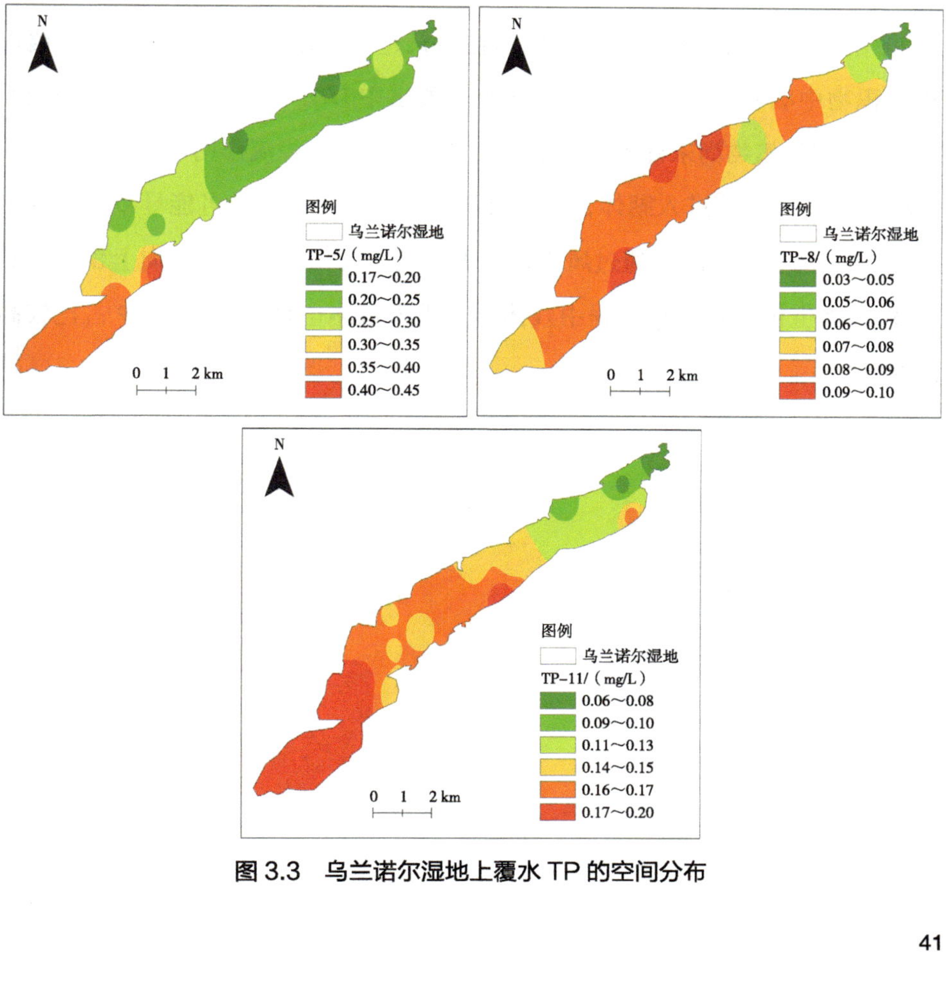

图 3.3　乌兰诺尔湿地上覆水 TP 的空间分布

3.2.2 上覆水磷赋存形态特征

上覆水中TP可以分为PP和DTP，DTP又分为DIP和DOP，研究区5月、8月和11月上覆水中磷的组分构成如图3.4所示。5月和11月，上覆水中磷以PP为主要组分，PP占TP的相对比例分别在72.7%～93.5%和55.0%～76.1%，平均值分别为87.8%和68.2%；8月，上覆水中TP主要以溶解态形式存在，DTP占TP的相对平均比例高达93.8%，其中DTP又以DOP为主要组分，DOP占DTP的相对比例在46.1%～76.7%，平均值为64.2%。不同月份上覆水中磷组分存在差异，可能是因为8月正是研究区水生植物生长旺盛期，植物根系能够固定沉积物，减少沉积物再悬浮量，也就相应减少了PP的含量及相对占比；同时植物在生长过程中由于生存所需会从上覆水和沉积物中吸收大量的无机磷，导致上覆水中DOP占比相对较高。相较而言，5月水生植物尚未开始大量生长，在风力和地表径流作用下，湿地周边的土壤、植物残体等进入湖体，加上沉积物的再悬浮作用，可能导致上覆水中PP占比较高；11月除了通过风力、地表径流、沉积物再悬浮等向上覆水输送PP外，水生植物在腐败过程中残体碎片进入水体也是导致水体PP占比较高的原因之一。

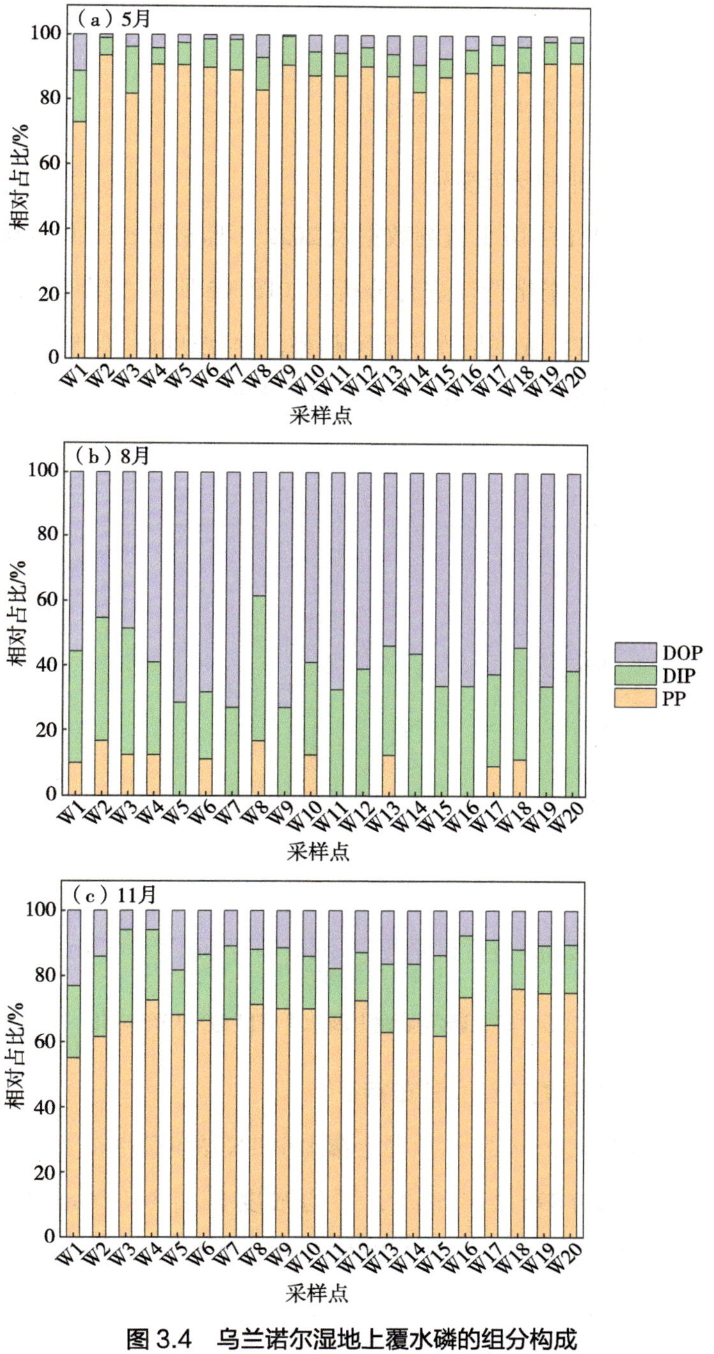

图 3.4　乌兰诺尔湿地上覆水磷的组分构成

3.3 上覆水氮赋存特征

3.3.1 上覆水氮的时空分布特征

3.3.1.1 上覆水总氮的历年变化

结合2018—2021年历史监测数据及2022年监测数据对乌兰诺尔湿地上覆水TN浓度的历年变化特征进行分析。如图3.5所示，2018—2022年乌兰诺尔湿地上覆水中TN浓度呈逐年下降趋势，TN浓度由2018年和2019年的劣Ⅴ类水平依次降至2020年和2021年的Ⅴ类水平，2022年TN浓度又降至Ⅳ类水平。

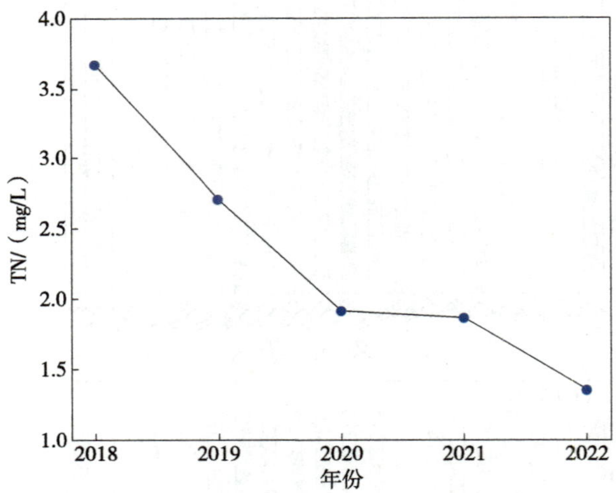

图3.5　乌兰诺尔湿地上覆水中TN浓度历年变化

3.3.1.2 上覆水中总氮的空间分布特征

乌兰诺尔湿地5月、8月和11月上覆水中TN浓度分别在1.44～2.65 mg/L、0.40～1.24 mg/L和0.89～2.03 mg/L，平均浓度分别为1.86 mg/L、0.87 mg/L和1.52 mg/L。如图3.6所示，乌兰诺尔湿地上覆水中TN表现出显著的空间分布差异性（$P<0.01$），整体呈由东北部向西南部递增的空间分布特征，高值区主要分布在湖区西南部。

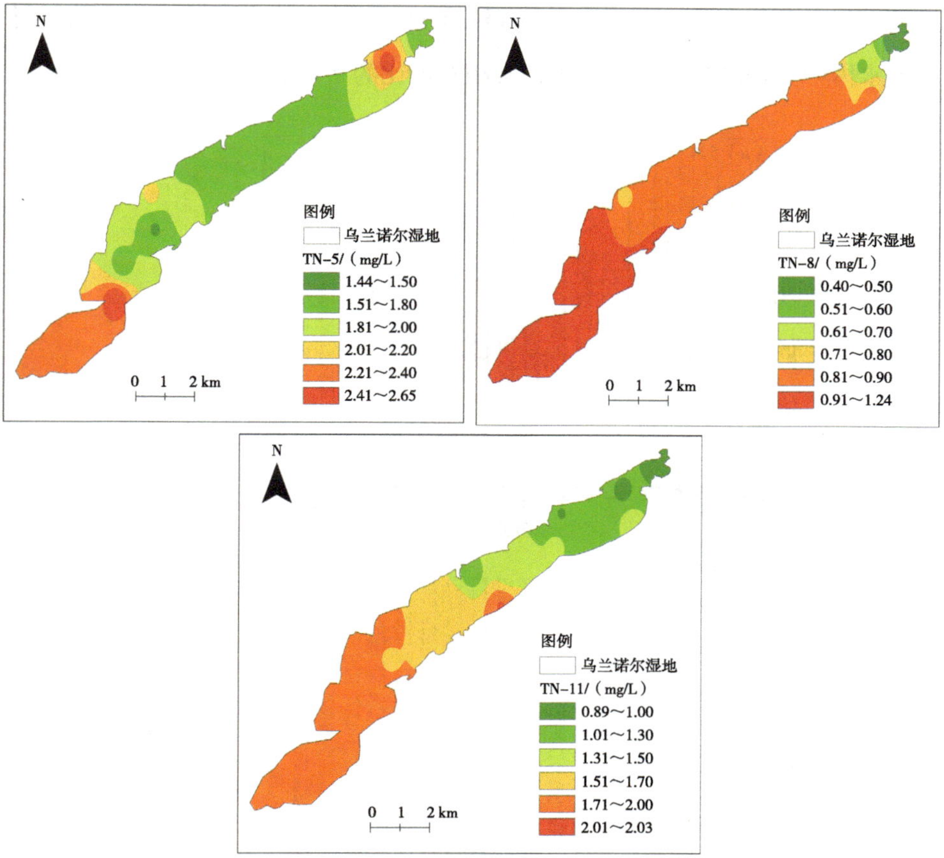

图 3.6　乌兰诺尔湿地上覆水 TN 的空间分布

3.3.2　上覆水氮赋存形态特征

上覆水中 TN 可以分为 PN 和 DTN，DTN 又分为 NH_4^+-N、NO_3^--N、亚硝氮和 DON，由于亚硝氮浓度较低，本研究不做讨论。研究区 5 月、8 月和 11 月上覆水中氮的组分构成如图 3.7 所示。上覆水中氮以溶解态氮为主要组分，5 月、8 月、11 月 DTN 占 TN 的相对比例分别在 49.4%～98.7%、69.4%～96.1% 和 77.4%～97.8%，平均值分别为 76.4%、89.2% 和 91.2%。5 月，DTN 中各形态氮占比差异不大，其中 NH_4^+-N 占比相对最高，平均值为 35.5%，NO_3^--N 占比最低，平均值为 30.3%；8 月，DON 占 DTN 的相对平均比例为 53.3%，是溶解态的主要组分；11 月，上覆水中 DO 浓度相对较高，有利于硝化反应的进行，因此水体中 DTN 以 NO_3^--N 为主，其相对占比的平均值为 42.9%。

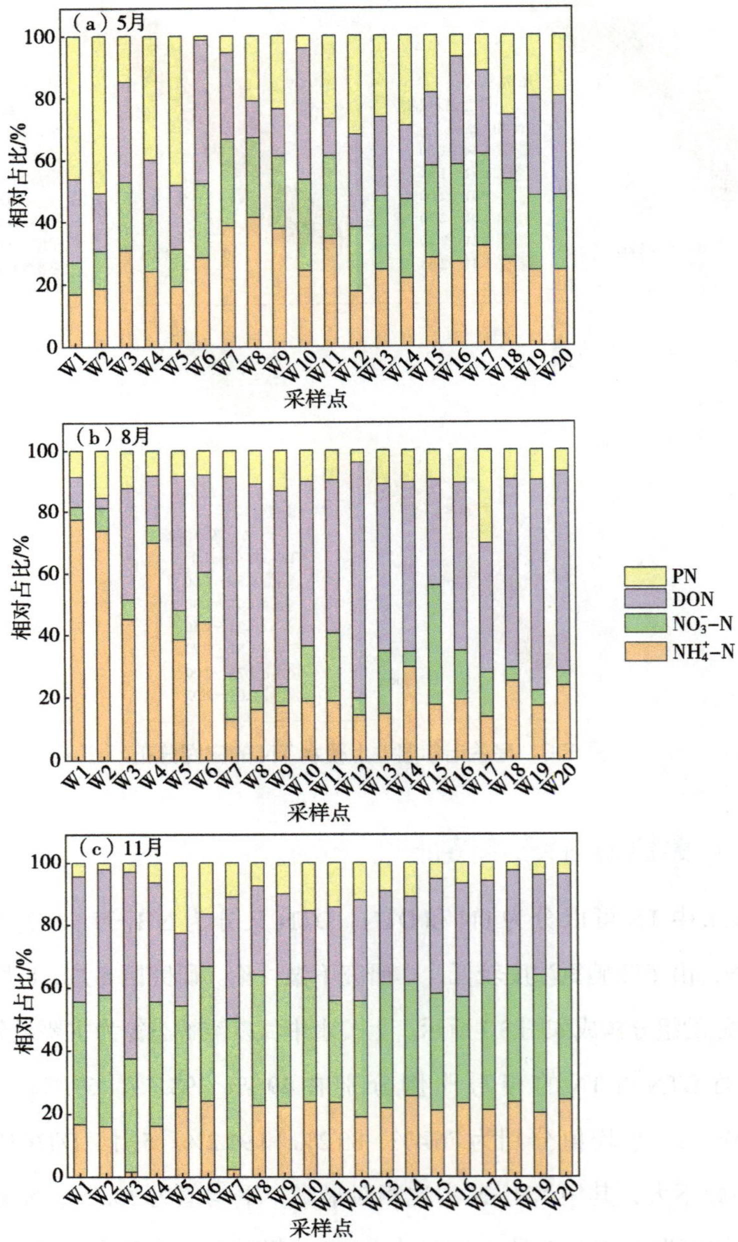

图 3.7　乌兰诺尔湿地上覆水氮的组分构成

3.4 上覆水 DOM 赋存特征

3.4.1 上覆水中 DOM 的浓度及空间分布特征

3.4.1.1 乌兰诺尔湿地上覆水中 DOC 的浓度及空间分布特征

DOC 在全球碳循环中扮演着重要的角色，内陆水体中的 DOC 变化会对全球碳循环产生重要影响 [13]。DOC 浓度是影响水环境质量的重要因素之一，过高的 DOC 浓度会影响水体透明度、水温、沉水植物生长等，进而影响水生生态系统。

乌兰诺尔湿地上覆水的 DOC 浓度在 9.44～25.44 mg/L，DOC 浓度空间分布如图 3.8 所示。整体上看，乌兰诺尔湿地南部 DOC 浓度普遍高于北部，近岸 DOC 浓度偏高。其中 W18 号点位 DOC 浓度最高，达到 25.45 mg/L，W19 号点位次之，为 24.81 mg/L，W1 号点位最低，为 9.44 mg/L。W11 号与 W17 号点位靠近岸边，水深较浅，DOC 浓度高于离岸较远点位。考虑乌兰诺尔湿地隶属河流湿地，W1 号点位位于湿地进水口，水流速度较快，污染物不容易在此积累；相反，W18 号、W19 号点位位于湿地的湾区，W18 号点位以南部分湿地水流速度较慢，换水周期较长，污染物容易随水流方向在此处积累。此

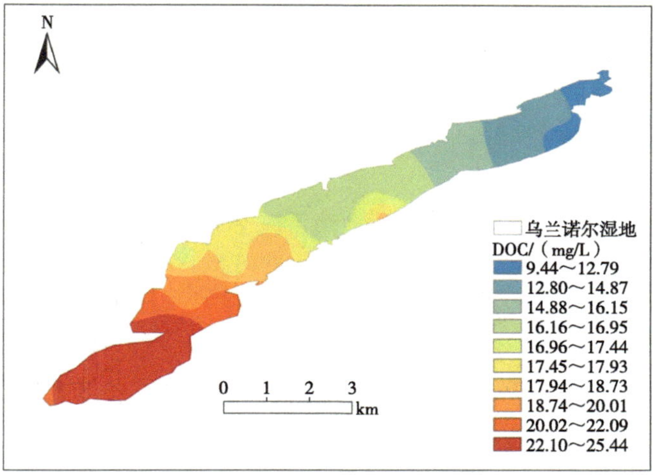

图 3.8　呼伦湖流域乌兰诺尔湿地上覆水 DOC 浓度空间分布

外，由于该点附近水位普遍较低，沉积物受外界影响较强，沉积物可能对上覆水中较高的DOC有一定贡献。

3.4.1.2 上覆水中CDOM的浓度及空间分布特征

乌兰诺尔湿地上覆水的CDOM浓度在37.84～92.64 m^{-1}，CDOM浓度的空间分布如图3.9所示。整体上看，乌兰诺尔湿地CDOM浓度于湿地南部湾区水位较低处较高，湿地进水口浓度较低，湖心浓度较高，部分近岸点浓度高于周围点位。位于湾区水位较低的W18号点位CDOM浓度最高，达到92.67 m^{-1}，W1号点位CDOM浓度最低，为37.84 m^{-1}。W6号、W13号、W15号点位均位于湿地湖心位置，CDOM浓度较周围区域高，其中W6号点位的CDOM浓度高达56.31 m^{-1}，显著高于周围区域。位于近岸区域的W12号点位CDOM浓度同样高于周围点位，达到61.63 m^{-1}。W1号点位CDOM浓度较低，可能是因为该点位位于湿地进水口，水流速度较快，水质更新较快，且该点DOC浓度较低。湖心点位CDOM浓度高于周围点位，主要是因为湖心受外界干扰较小，水动力学性质不活泼，沉积物中有机质释放的DOM容易在此积累。位于湾区的W18号点位CDOM浓度最高，该点极高的CDOM浓度是由于不活泼的水动力，以及较低的水位，沉积物受外界环境影响强烈，

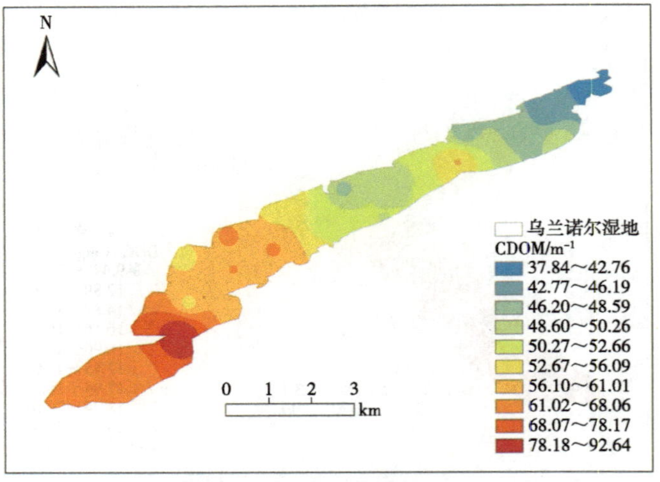

图3.9 呼伦湖流域乌兰诺尔湿地上覆水CDOM浓度空间分布

向外释放 CDOM 趋势增加所导致。此外，W18 号点位附近植被碎屑掉落和土壤侵蚀进入邻近水体也会导致 CDOM 浓度偏高。

3.4.2 上覆水中 DOM 的荧光组分构成

乌兰诺尔湿地上覆水 DOM 三维荧光光谱数据的平行因子分析结果如图 3.10 所示，各个采样点位的三维荧光光谱图大致相似，共识别出 3 种荧光组分（表 3.2），与呼伦湖水体 DOM 荧光组分构成相似[40]，主要表现为类腐殖质和类蛋白质两类荧光峰。

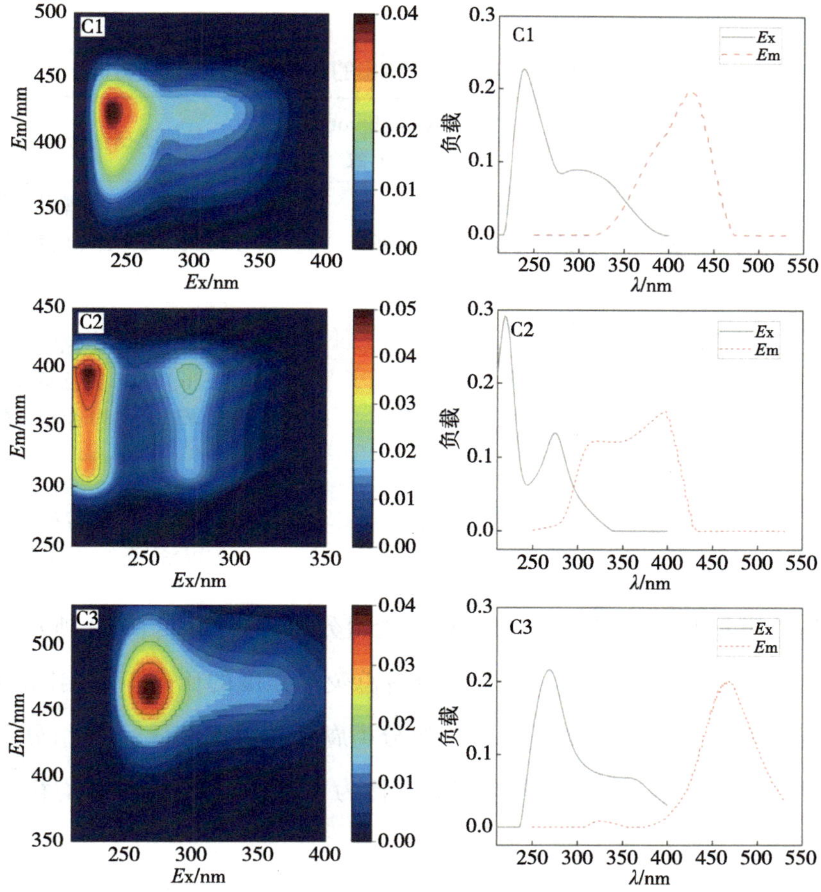

图 3.10 EEMs-PARAFAC 解析出的 DOM 中的 3 种荧光组分及其激发、发射波长位置

3 种荧光组分的光谱信息如表 3.2 所示。其中组分 C1（*E*x 为 238 nm/296 nm，*E*m 为 424 nm）激发峰与传统 A 峰（*E*x 为 220～230 nm，*E*m 为 380～440 nm）相对应[52]。C1 组分属于类腐殖质物质，芳香性稳定、分子量高，且具有疏水结构[55]。通常认为该组分的荧光峰是由陆源腐殖酸、富里酸形成的[56]。组分 C2（*E*x 为 218 nm/274 nm，*E*m 为 398 nm）为生物作用产生的类腐殖质和类色氨酸物质的混合物[52]，主要是水生植物和微生物降解产生的物质[57]；组分 C3（*E*x 为 268 nm，*E*m 为 464 nm）激发峰与传统 M 峰相对应，属于类腐殖酸，其相对分子量大、结构复杂且稳定，不易被生物降解或利用，通常指示为陆源输入[40]。

表 3.2 EEMs-PARAFAC 鉴别出的 3 种荧光组分光谱特征

组分	*E*x/nm	*E*m/nm	类型	OpenFluor 匹配数	较同类研究 /nm
C1	238（296）	424	类腐殖质	49	225（270）/425 类富里酸[57]、238（318）/426 陆源腐殖酸[40]、244/434 类富里酸[53]
C2	218（274）	398	生物作用产生的类腐殖质和类色氨酸物质的混合物	5	210（280）/390 类色氨酸[57]、220（276）/398 类色氨酸[40]、200～250/330～380 类色氨酸[41]
C3	268	464	类腐殖酸	24	268/462 类富里酸[40]、270/460 长波段类腐殖酸[57]、260/464 类腐殖质[58]

乌兰诺尔湿地上覆水 DOM 3 种荧光组分相对占比如图 3.11 所示。每个采样点位 C1、C2 和 C3 3 种荧光组分占总荧光强度的比例不尽相同。C1 组分类腐殖质平均相对占比最高，C3 组分类腐殖酸占比最低。C1 组分平均相对占比为 39.13%，C2 组分平均相对占比为 34.24%，C3 组分平均相对占比为 26.63%。

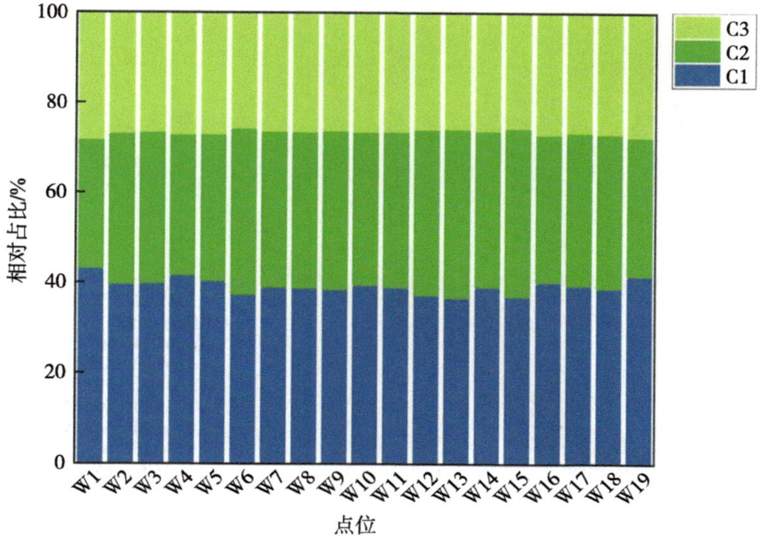

图 3.11　乌兰诺尔湿地上覆水 DOM 荧光组分构成

3.4.3　上覆水中 DOM 荧光组分的空间分布特征

乌兰诺尔湿地上覆水 DOM 的 C1、C2、C3 3 种荧光组分在每个采样点普遍存在，其中 C1 组分类腐殖质荧光强度变化范围为 465～996 a.u.，平均值为 620 a.u.。C2 组分生物作用产生的类腐殖质和类色氨酸物质的混合物荧光强度变化范围为 309～929 a.u.，平均值为 542 a.u.。C3 组分类腐殖酸荧光强度变化范围为 305～730 a.u.，平均值为 422 a.u.。根据各组分的荧光强度运用 ArcGIS 软件反距离权重法绘制 C1、C2、C3 以及总荧光强度空间分布，如图 3.12 所示。

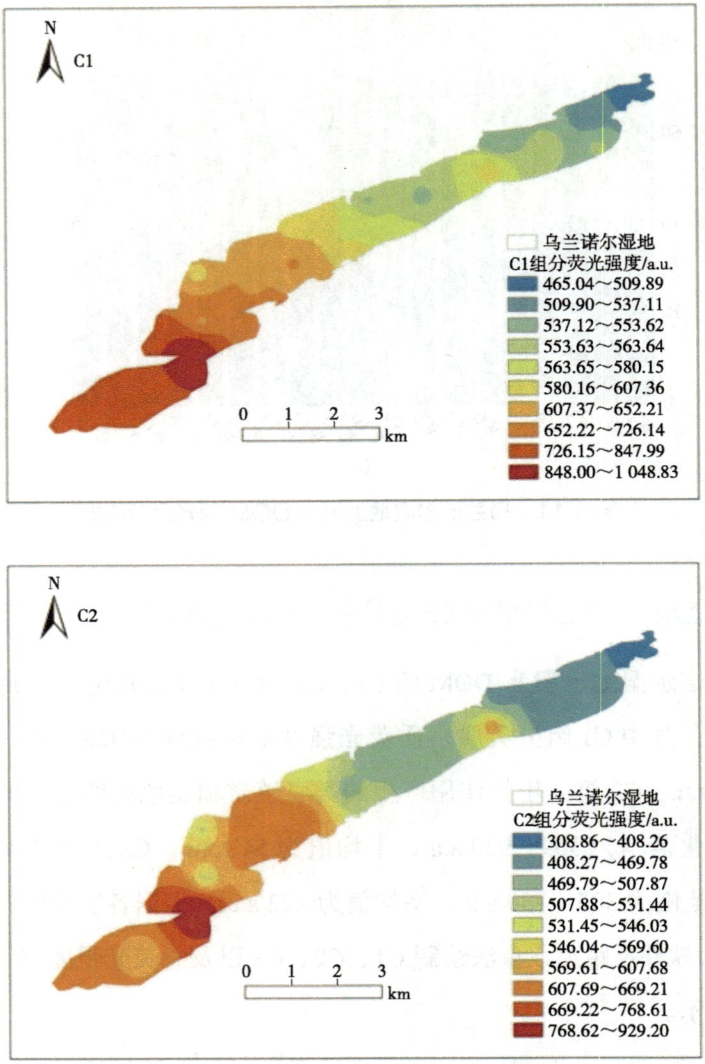

图 3.12　呼伦湖流域乌兰诺尔湿地上覆水荧光组分荧光强度的空间分布

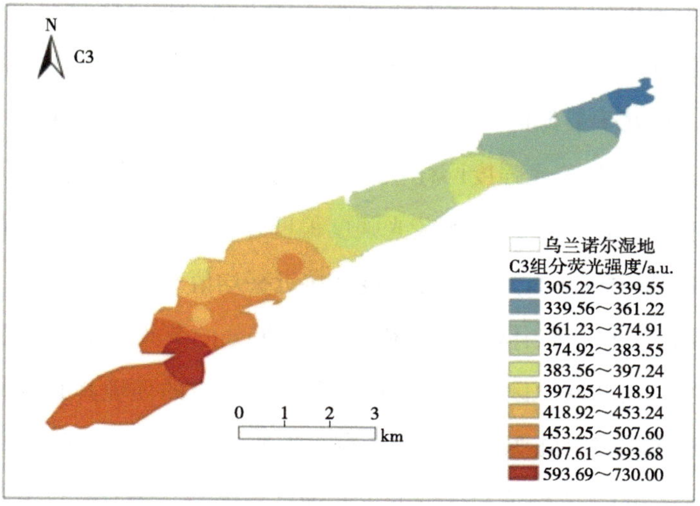

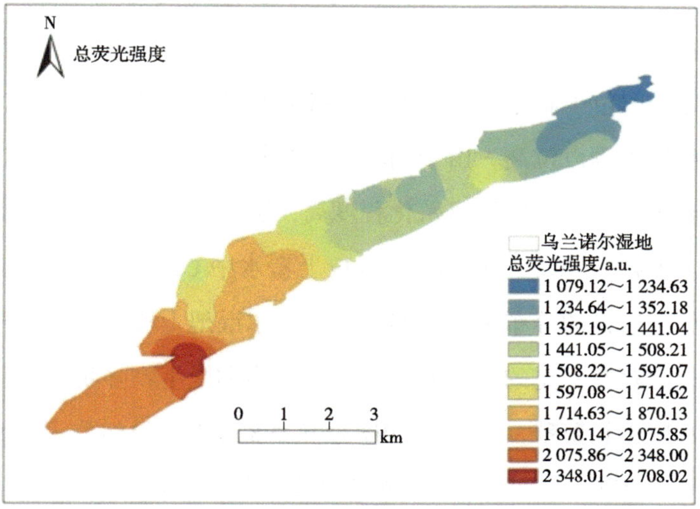

图 3.12　呼伦湖流域乌兰诺尔湿地上覆水荧光组分荧光强度的空间分布（续）

C1 组分与 C3 组分荧光强度空间分布大致相同，在湿地入水口（W1 号点位）荧光强度较低，在湿地水体流动方向上组分荧光强度呈现增加趋势。除部分点位外，乌兰诺尔湿地上覆水大部分区域 C1、C3 组分的荧光强度低于平均值，且处于最低值附近。C2 组分荧光强度空间分布与 C1、C3 组分不尽相同，C2 组分的荧光强度同样在水体流动方向上呈现增加趋势，但除少数点位上覆水 DOM 中 C2 组分的荧光强度偏低外，乌兰诺尔湿地其余大部分区域上覆水 DOM 中 C2 组分的荧光强度都接近平均值 542 a.u.。

W1 号点位上覆水中 C1、C2 和 C3 3 种组分的荧光强度均低于周围点位的荧光强度，其共同原因是该点位所处湿地入水口的环境具有较好的水动力特性，这意味着来自陆源和自生源的有机物质均不容易在此处积聚。W18 号点位 C1、C2 和 C3 3 种荧光组分的荧光强度均高于其余所有点位，这种分布趋势共同的原因可能是 W18 号点位位于湿地湾区，水动力较差，水位较低，污染物不容易扩散，此外，陆源的输入也可能是导致 W18 号点位荧光强度偏高的原因之一。位于湖心区域的 W6 号点位上覆水中 C1、C2 和 C3 3 种组分的荧光强度较周围点位高，由于湖心区域受外界干扰较小，推测这种现象是因为乌兰诺尔湿地湖心底泥腐殖化程度高，沉积物中的有机质向上覆水中释放所导致。W4 号、W7 号和 W8 号点位上覆水中 C2 组分的荧光强度明显低于周围点位，这样的分布特征表明，乌兰诺尔湿地上覆水中浮游植物和微生物的活跃程度存在一定的空间差异，浮游植物和微生物多集中在营养物质较为丰富的水域生长繁殖，W4 号、W7 号和 W8 号点位虽然位于湖心，但由于水体营养不够丰富，从而导致浮游植物和微生物不如周围点位活动剧烈。

3.4.4 上覆水中 DOM 的来源及生物有效性评估

3.4.4.1 上覆水中 DOM 的来源解析

湖泊上覆水中的 DOM 主要有两种来源，分别是外源和内源（自生源），也可以将 DOM 的来源分为陆源和生物源。陆源 DOM 主要来自流域内水流输入、地表径流、农业面源与点源污染输入[59]，多由细菌和真菌降解流域土壤中高等动植物遗骸形成，荧光峰多表现为类腐殖质峰[52]。生物源 DOM 主要来自生物在水生生态系统中生长发育所释放的水溶性有机物[60]，多由水体中浮游生物、水生细菌、藻类等生物活动产生，荧光峰多表现为类蛋白峰[61]。本研究利用 DOM 的荧光特征参数 FI 指数、BIX 指数、HIX 指数对乌兰诺尔湿地上覆水 DOM 的来源进行解析。

乌兰诺尔湿地上覆水荧光指数空间分布如图 3.13 所示，荧光指数范围在 1.62～1.69，平均值为 1.66。当 FI 小于 1.4 时，说明水体中 DOM 主要为陆源有机物；当 FI 大于 1.9 时，说明水体中 DOM 主要来源于微生物代谢。乌兰诺尔湿地上覆水 DOM 的 FI 值介于 1.4 和 1.9 之间，表明 DOM 受陆源与自生源的共同影响，且自生源特征明显。乌兰诺尔湿地水生植物丰富，水生植物生长及腐解释放的 DOM 是乌兰诺尔上覆水 DOM 的主要来源。乌兰诺尔湿地水体 DOM 的 FI 指数与呼伦湖相似[40]，均表现为陆源与生物源混合来源，且生物源特征明显。这是因为乌兰诺尔湿地水源主要靠乌尔逊河漫滩洪水补给[9]，而乌尔逊河是呼伦湖主要入湖河流之一，从而使乌兰诺尔湿地与呼伦湖具有相似的荧光指数特征。

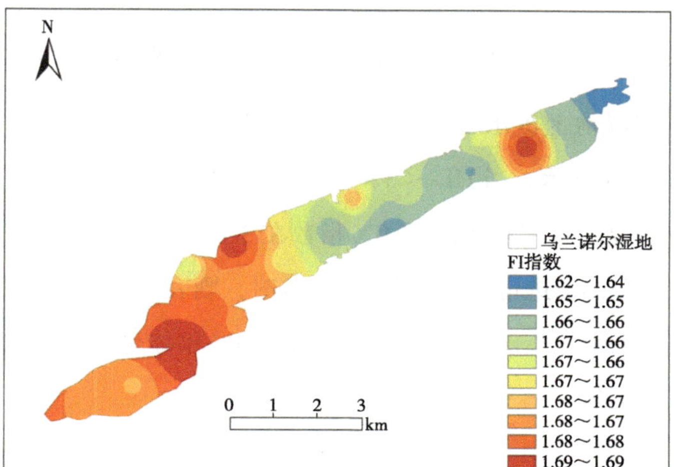

图 3.13　呼伦湖流域乌兰诺尔湿地上覆水 DOM 的 FI 值空间分布

乌兰诺尔湿地上覆水DOM的BIX指数在0.79～0.89，平均值为0.86，空间分布如图3.14所示。BIX指数越大，说明新生成的DOM占比越大。BIX在0.6～0.7时，水体具有较少的自生成分；BIX在0.7～0.8时，水体具有中度新近自生源特征；BIX在0.8～1.0时，水体具有较强的自生源特征；BIX大于1.0时，主要为生物或细菌等来源[37]。乌兰诺尔湿地上覆水BIX指数表明，该湿地整体有较强的生物源特征，尤其是在W15号点位附近，浮游植物和微生物活动较为强烈。

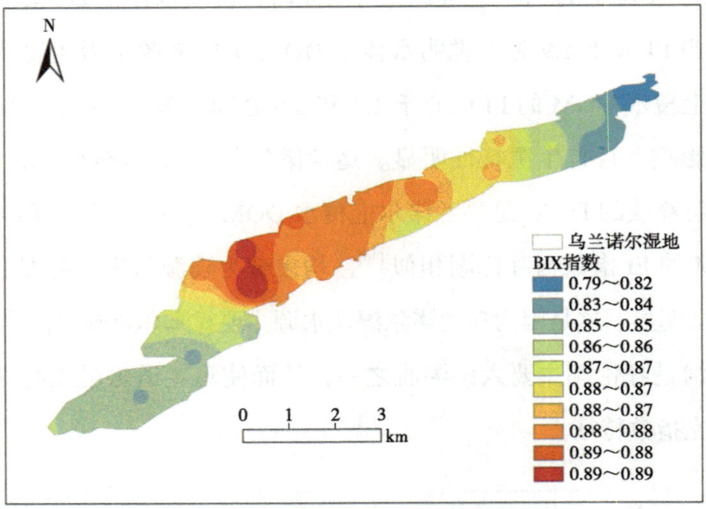

图3.14　呼伦湖流域乌兰诺尔湿地上覆水DOM的BIX值空间分布

乌兰诺尔湿地上覆水DOM的HIX在3.48～5.69，平均值为4.01，其空间分布如图3.15所示。当HIX<3时，表明水体DOM呈现出微弱的腐殖化特征，且有重要的近期自生源；HIX指数在3～6，表明水体DOM呈强腐殖质特征，有微弱的新进自生源；当HIX>6时，则表明DOM呈强腐殖质特征和重要的陆源贡献[62]。乌兰诺尔湿地水体DOM整体呈强腐殖质特征，且有微弱的新进自生源。

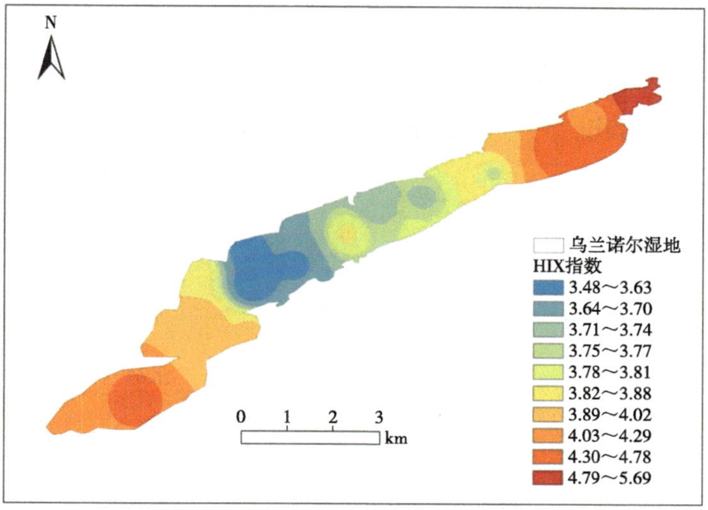

图 3.15　呼伦湖流域乌兰诺尔湿地上覆水 DOM 的 HIX 值空间分布

综上，FI、BIX、HIX 3 种荧光指数所指示的乌兰诺尔湿地上覆水 DOM 来源都具有较好的表征性，均显示出乌兰诺尔湿地水体 DOM 受自生源和外源的共同影响，但是主要受自生源的影响。

3.4.4.2　上覆水中 DOM 的生物有效性评估

乌兰诺尔湿地水体 DOM 的 FI、BIX 和 HIX 指数分别在 1.62～1.69、0.79～0.89 和 3.48～5.69，表明乌兰诺尔湿地上覆水 DOM 受自生源和外源的共同影响，但主要受自生源的影响。自生源主要为水生藻类、大型沉水生物所产生，在腐解过程中会产生大量类腐殖质类物质，往往难以直接被生物利用，需要经过长时间的分解。EEMs-PARAFAC 识别出上覆水 DOM 的 C1、C2 和 C3 组分的荧光强度分别在 465～996 a.u.、309～929 a.u. 和 305～730 a.u.，平均占总荧光强度的比例分别为 39.13%、34.24%、26.63%，荧光强度占比如图 3.16 所示。其中，C1、C3 组分以分子量较大、难降解的类腐殖质为主，而分子量较小、容易被生物降解的组分 C2 所占比例相对较小，这样的荧光组分构成说明乌兰诺尔湿地上覆水中 DOM 的生物可降解性较低。根据腐殖化指数可以判断上覆水中 DOM 的腐殖化程度，乌兰诺尔湿地上覆水 DOM

的 HIX 在 3.48～5.69 整体呈强腐殖质特征，且有微弱的新进自生源，与荧光组分所显示的结果一致。结合 DOM 的来源构成、荧光组分构成和荧光特征指数 HIX 可以看出，乌兰诺尔湿地上覆水的腐殖化程度较强，生物有效性较低。

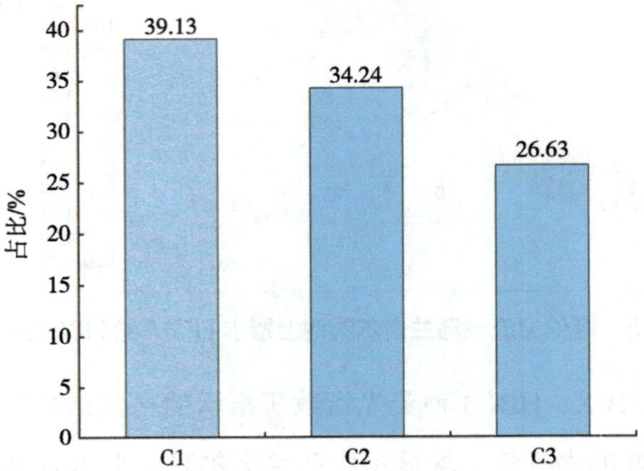

图 3.16　呼伦湖流域乌兰诺尔湿地上覆水 DOM 的 3 种荧光组分荧光强度占比

3.5　小结

对乌兰诺尔湿地上覆水基本理化特征，氮、磷、DOM 的时空分布特征和赋存形态特征进行了详细的调查，得到的主要结论如下：

（1）乌兰诺尔湿地上覆水 pH 在 8.39～9.82，水体呈碱性。水体 DO 含量在 8.7～17.07 mg/L，达到地表水Ⅰ类水质标准。

（2）2018—2022 年，乌兰诺尔湿地上覆水 TP 和 TN 浓度整体呈下降的变化趋势，但是 2022 年水质检测结果表明，TN 和 TP 的浓度整体仍然处于Ⅴ类水平。

（3）乌兰诺尔湿地 5 月、8 月和 11 月上覆水中 TP 平均浓度分别为

0.27 mg/L、0.08 mg/L 和 0.15 mg/L；TN 的平均浓度分别为 1.86 mg/L、0.87 mg/L 和 1.52 mg/L。氮、磷均表现出显著的空间分布差异性，整体呈由东北部向西南部递增的空间分布特征，高值区主要分布在湖区西南部。

（4）5 月和 11 月，上覆水中磷以 PP 为主要组分，8 月，上覆水中 TP 主要以溶解态形式存在，DTP 以 DOP 为主要组分，平均占比为 64.2%。上覆水中氮以溶解态氮为主要组分，5 月、8 月、11 月 DTN 占 TN 的相对比例平均值分别为 76.4%、89.2% 和 91.2%，并分别以 NH_4^+-N、DON 和 NO_3^--N 为主。

（5）上覆水中 DOC 的浓度在 9.44～25.44 mg/L，湿地南部 DOC 浓度普遍高于北部，东北方向至西南方向呈现增加趋势，其中湿地进水口 DOC 浓度最低，湿地湾区干旱断流处 DOC 浓度最高。CDOM 的浓度在 37.84～92.64 m^{-1}，空间分布特征与 DOC 相似。

（6）上覆水中 CDOM 主要由 3 种荧光组分构成：类腐殖质组分 C1（*E*x：238 nm/296 nm，*E*m：424 nm）、生物作用产生的类腐殖质和类色氨酸物质的混合物组分 C2（*E*x：218 nm/274 nm，*E*m：398 nm）、类腐殖酸组分 C3（*E*x：268 nm，*E*m：464 nm）。组分 C1、C2、C3 的荧光强度分别在 465～996 a.u.、309～929 a.u. 和 305～730 a.u.，平均占总荧光强度的比例分别为 39.13%、34.24% 和 26.63%。在空间分布上，C1、C2 和 C3 3 种组分的荧光强度自东北方向向西南方向均呈现增加趋势。

（7）乌兰诺尔湿地上覆水 DOM 的 FI、BIX 和 HIX 分别在 1.62～1.69、0.79～0.89 和 3.48～5.69，表明乌兰诺尔湿地上覆水 DOM 受自生源和外源的共同影响，但主要受自生源的影响。结合 DOM 的荧光组分特征和荧光光谱特性可以看出，乌兰诺尔湿地上覆水的腐殖化程度较强，生物有效性较低。

第 4 章

沉积物氮、磷、有机质的赋存特征

CHAPTER 4

4.1　沉积物基本理化特征

乌兰诺尔湿地表层沉积物基本理化指标如表 4.1 所示。表层沉积物 pH 在 7.68～8.88，沉积物呈碱性。沉积物含水率在 35.69%～65.40%，平均值为 53.61%。沉积物容重在 1.27～1.64 g/m^3，平均值为 1.39 g/m^3。

表 4.1　乌兰诺尔湿地表层沉积物基本理化指标

项目	pH	含水率 /%	容重 /（g/m^3）	厚度 /m
最小值	7.68	35.69	1.27	0.40
最大值	8.88	65.40	1.64	1.50
平均值	8.62	53.61	1.39	0.93

乌兰诺尔湿地表层沉积物厚度的空间分布如图 4.1 所示，湖泊沉积物厚度在 0.40～1.50 m，平均厚度为 0.93 m。乌兰诺尔湿地沉积物厚度整体上呈现湖泊西南部低于湖泊中部和东北部的空间分布趋势。

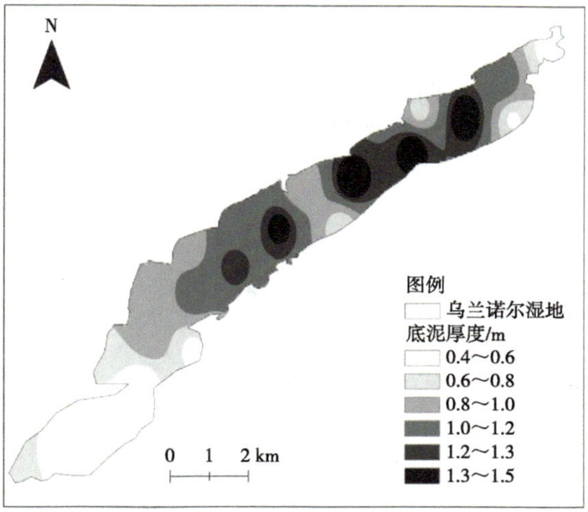

图 4.1　乌兰诺尔湿地底泥厚度的空间分布

对 2022 年 5 月采集的乌兰诺尔湿地表层沉积物进行了粒度分析，以确定底泥中不同粒径颗粒物的空间分布趋势。结果显示，乌兰诺尔湿地表层底泥的中值粒径范围在 11.68～68.99 μm，平均值为 21.60 μm；根据底泥颗粒物的不同粒径，将其分为黏粒（0.01～4.00 μm）、粉粒（4.00～63.00 μm）、和砂粒（63.00～2 000.00 μm），三者在乌兰诺尔湿地表层底泥颗粒物中的占比分别为13.0%、69.9%、17.1%，即乌兰诺尔湿地表层沉积物颗粒物以粉粒为主，颗粒较粗的砂粒次之，黏粒含量相对最少。

从中值粒径和不同粒径颗粒物的空间分布来看（图 4.2），乌兰诺尔湿地中部湖区沉积物中值粒径小，而在出水口处及湖区西南部沉积物中值粒径较大。相应地，湖区中部沉积物粒径以粒径较小的粉粒和黏粒为主，而在湖区西南部和湖泊出入水口处沉积物以粒径较大的砂粒为主。

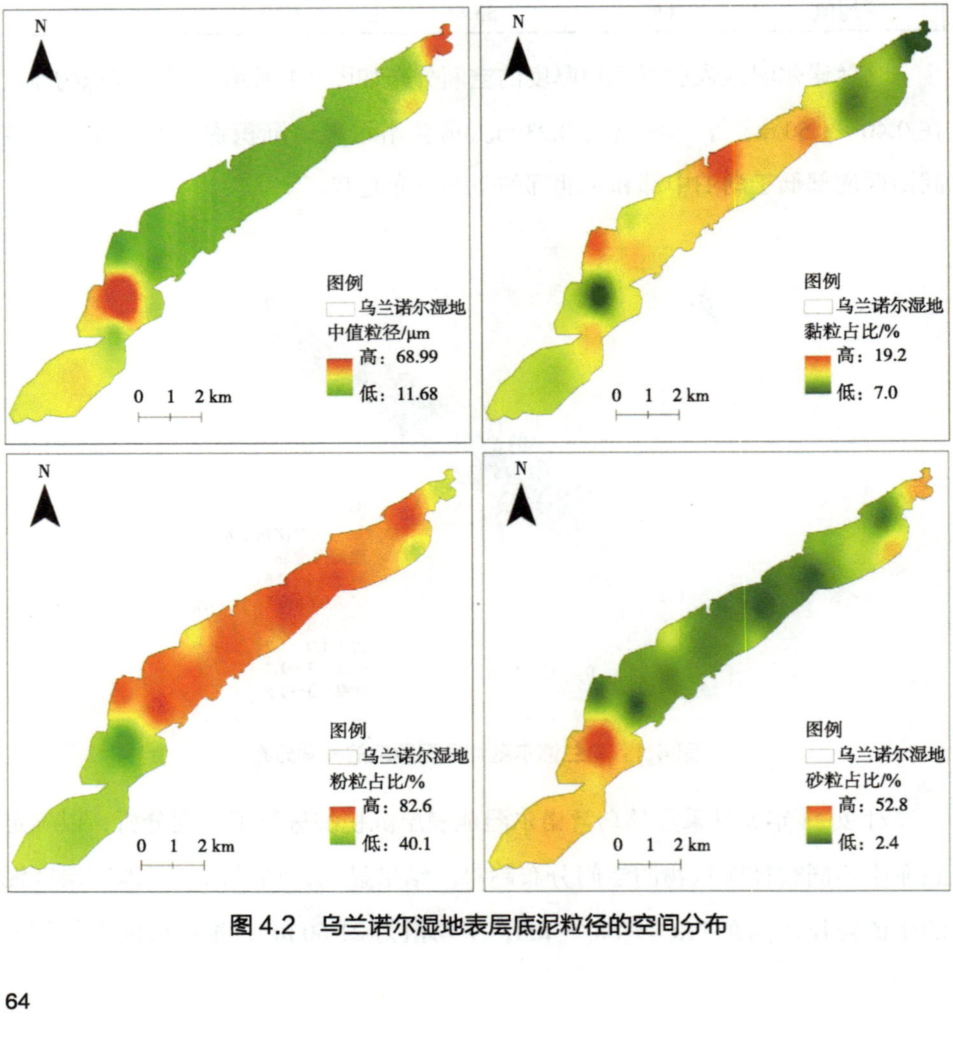

图 4.2 乌兰诺尔湿地表层底泥粒径的空间分布

4.2　沉积物磷赋存特征

4.2.1　间隙水磷赋存特征

乌兰诺尔湿地表层沉积物间隙水 DTP 浓度在 0.12～0.54 mg/L，平均浓度为 0.25 mg/L。从空间上看，间隙水 DTP 浓度的空间分布特征差异性显著（$P<0.01$），高值区主要分布在湖区中部和东北部，低值区主要分布在湖区西南部。DIP 的空间分布特征与 DTP 相似，高值和低值也分别主要集中在湖区中部和西南部（图 4.3）。

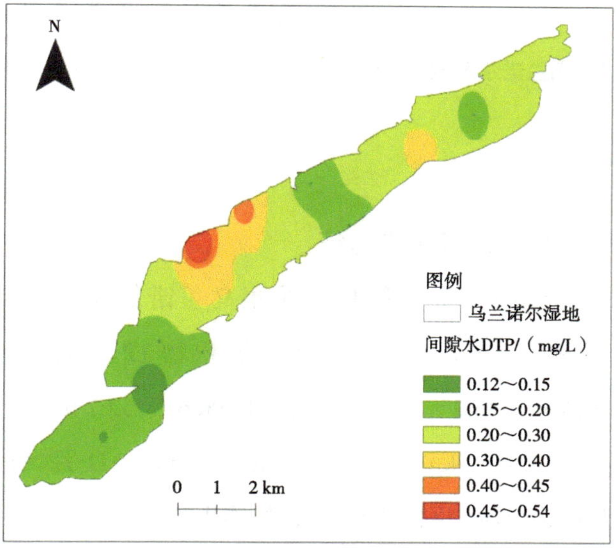

图 4.3　乌兰诺尔湿地表层沉积物间隙水中磷的水平分布

乌兰诺尔湿地表层沉积物间隙水中 DTP 以 DOP 为主，各点位 DOP 的浓度在 0.05～0.44 mg/L，平均浓度为 0.15 mg/L，DOP 占 DTP 的相对比例在 31.2%～81.6%，平均占比为 60.9%。各点位 DIP 的浓度在 0.03～0.15 mg/L，平均浓度为 0.09 mg/L，DIP 占 DTP 的相对比例在 18.4%～68.8%，平均占比为 39.1%（图 4.4）。

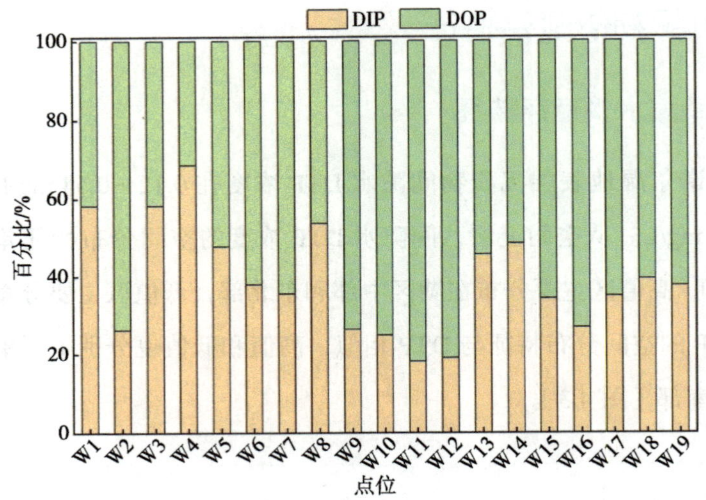

图 4.4 乌兰诺尔湿地表层沉积物间隙水中 DIP 和 DOP 的相对占比

4.2.2 沉积物磷空间分布特征

4.2.2.1 沉积物总磷的水平分布特征

先后于 2022 年 5 月、8 月和 11 月采集乌兰诺尔湿地表层沉积物样品，进行 TP 含量的测定，5 月、8 月和 11 月沉积物 TP 含量变化范围分别在 421.4～718.2 mg/kg、336.2～710.2 mg/kg 和 490.6～752.1 mg/kg，平均值分别为 576.5 mg/kg、517.9 mg/kg 和 628.1 mg/kg，呈现出 11 月>5 月>8 月的趋势。5 月湖区及周边土壤刚刚开始解冻，植物生长缓慢，对沉积物磷的吸收利用较少，而在进入 8 月后温度升高，植物生长旺盛，对磷的吸收利用大幅增加，导致沉积物磷含量快速下降，随着温度升高沉积物微生物活性增强，对沉积物中磷的分解利用增强，进一步加快了沉积物磷的消耗 [133]。11 月因气候变冷，植物逐渐枯死，植物残体进入沉积物腐烂分解或被沉积物胶体固定导致沉积物中磷素累积，而微生物活性降低导致沉积物中有机磷的分解速度下降，这也是 11 月沉积物 TP 含量较高的原因 [134-135]。

乌兰诺尔湿地各月份表层沉积物 TP 的空间分布特征如图 4.5 所示，各月份 TP 空间分布基本保持一致，TP 高值区主要分布在湖区中部，在湖区西南部 TP 浓度较低。TP 的分布主要受沉积物粒径及有机质含量的影响，一般来说沉积物粒径越小、有机质含量越高，越有利于沉积物磷的累积[136]，本次调查的分析结果表明，沉积物 TP 含量与沉积物粒径显著负相关（R^2=−0.859，P<0.01），与有机质含量显著正相关（R^2=0.916，P<0.01）。

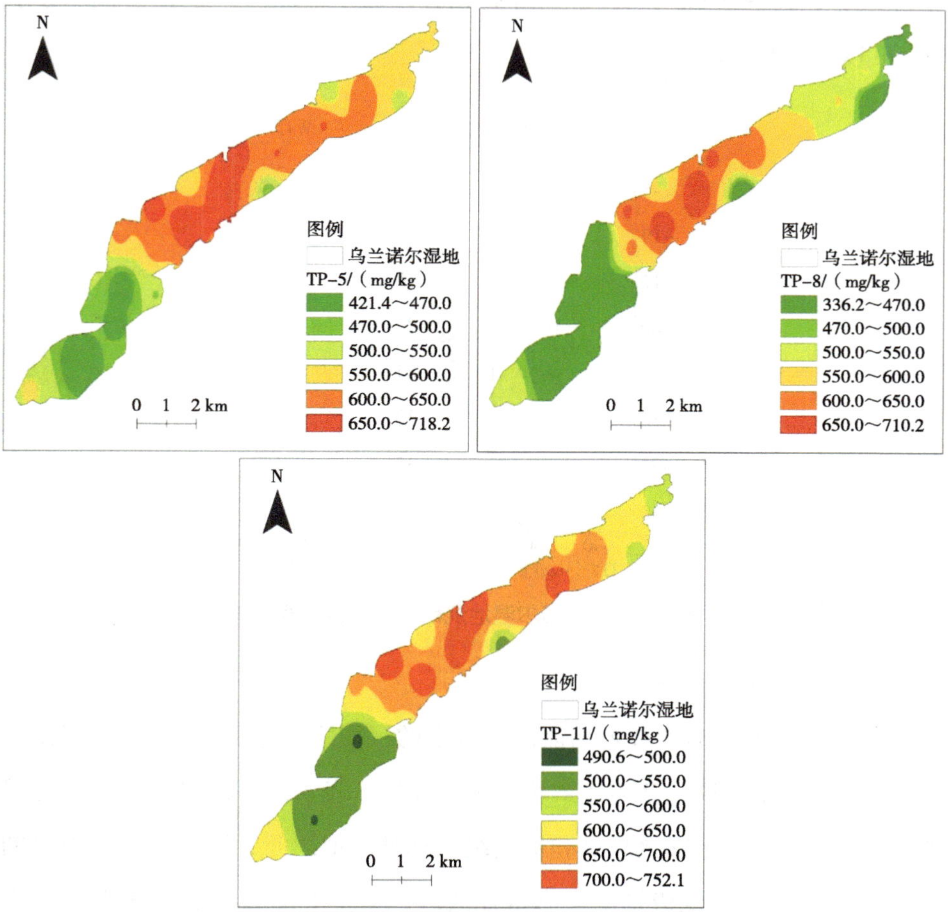

图 4.5　乌兰诺尔湿地表层沉积物 TP 的空间分布

4.2.2.2　沉积物总磷的垂直分布特征

对采集的柱状沉积物样品进行 1 cm 分层，并对沉积物中 TP 的含量进行分析测试，乌兰诺尔湿地沉积物中 TP 的垂直分布特征如图 4.6 所示。

在垂向 0～40 cm 深度内，乌兰诺尔湿地 W10 和 W15 点位 TP 的含量分别在 650.50～864.23 mg/kg 和 528.58～706.42 mg/kg 波动。乌兰诺尔湿地 W10 点位垂向上沉积物 TP 含量整体呈波动下降的趋势，在 30 cm 以下 TP 含量趋于稳定；W15 点位垂向上沉积物 TP 含量在 0～10 cm 深度范围内呈波动下降趋势，10～16 cm TP 含量呈升高趋势，17～30 cm TP 含量呈下降趋势，30 cm 以下 TP 含量趋于稳定。

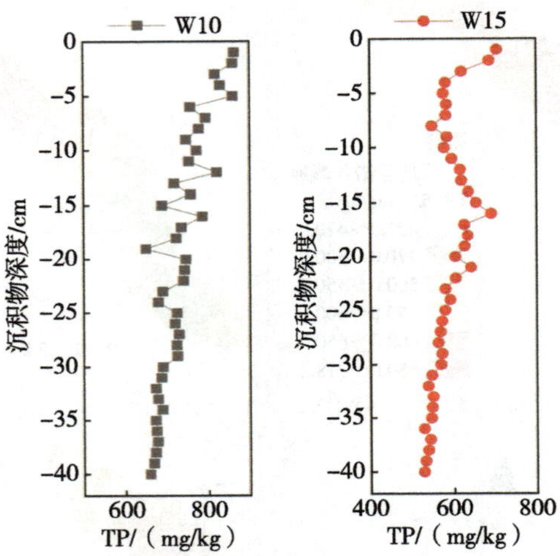

图 4.6　乌兰诺尔湿地沉积物 TP 的垂直分布

4.2.2.3　沉积物总磷生态风险评估

以加拿大安大略省环境与能源部制定的沉积物质量评价指南为标准，对乌兰诺尔湿地沉积物 TP 的污染状况进行评估（表 4.2）。2022 年 11 月，沉积物 TP 的平均值介于安全级别和最低级别标准限值之间，说明沉积物受到 TP 污染，能够引起最低级别的生态毒性效应，但是大部分底栖生物能够忍受。2022 年 5 月和 8 月，表层沉积物 TP 的平均含量均低于 600 mg/kg，即处于安全级别[137]，从整体来看，沉积物 TP 处于安全级别，不会产生毒性效应，但是 5 月和 8 月分别有 45% 和 30% 的点位 TP 含量高于安全级别标准限值，可能引起最低级别的生态毒性效应。

表 4.2　乌兰诺尔湿地表层沉积物 TP 含量及质量评价标准

项目	安全级别	TP/（mg/kg）		
沉积物质量评价标准	安全级	<600		
	最低级	600～2 000		
	严重级	≥2 000		
乌兰诺尔湿地实测值	项目	5 月	8 月	11 月
	平均值	576.5	517.9	628.1
	最小值	421.4	336.2	490.6
	最大值	718.2	710.2	752.1

4.2.3　沉积物磷赋存形态特征

4.2.3.1　沉积物磷的组分构成

沉积物中磷可以分为弱吸附态磷（WA-P）、潜在活性磷（PA-P）、铁/铝结合态磷（Fe/Al-P）、钙结合态磷（Ca-P）及残渣态磷（R-P）。乌兰诺尔湿地沉积物中 WA-P、PA-P、Fe/Al-P、Ca-P 和 R-P 的含量分别在 6.20～21.51 mg/kg、116.36～152.18 mg/kg、20.67～62.50 mg/kg、98.01～196.88 mg/kg 和 78.10～366.92 mg/kg，各组分平均含量从小到大依次为：WA-P<Fe/Al-P<PA-P<Ca-P<R-P。

从图 4.7 可以看出，R-P 是乌兰诺尔湿地沉积物磷的主要组分，各点位 R-P 含量占 TP 的比例在 18.3%～55.0%，平均占比为 40.8%。其次为 Ca-P，Ca-P 占 TP 的比例在 17.1%～38.7%，平均占比为 26.2%。再次为 PA-P，PA-P 占 TP 的比例在 17.4%～30.6%，平均占比为 23.5%。Fe/Al-P 占 TP 的比例较小，各点位 Fe/Al-P 含量占 TP 的比例在 4.3%～10.9%，平均占比为 7.4%。WA-P 占 TP 的比例最小，WA-P 占 TP 的比例在 1.2%～3.8%，平均占比为 2.0%（图 4.7）。

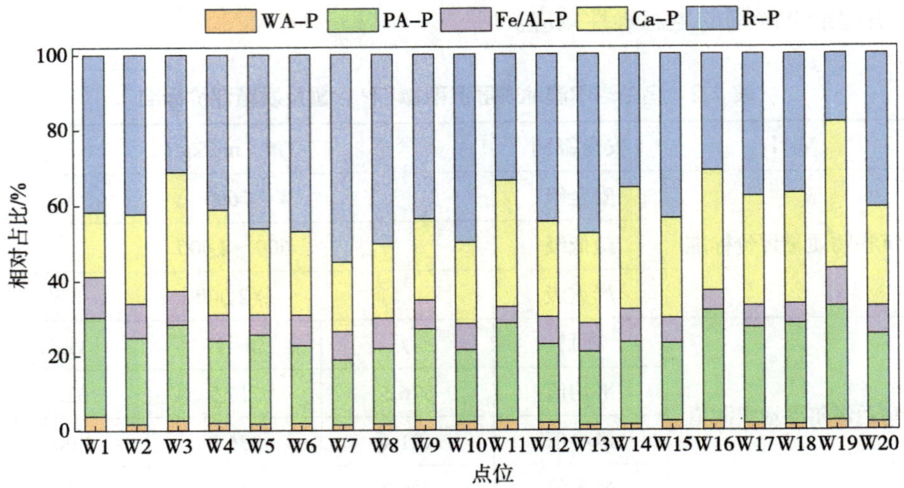

图 4.7 乌兰诺尔湿地表层沉积物磷的形态组成

沉积物磷还可分为有机磷和无机磷，乌兰诺尔湿地表层沉积物中有机磷和无机磷含量分别在 375.30～667.02 mg/kg 和 23.43～58.80 mg/kg。有机磷是沉积物总磷的主要组分，平均占比为 93.1%。对沉积物无机磷和有机磷进一步分级提取，其中无机磷形态分为弱吸附态无机磷（$WA–P_i$）、潜在活性无机磷（$PA–P_i$）、铁 / 铝结合态无机磷（$Fe/Al–P_i$）和钙结合态无机磷（$Ca–P_i$）；有机磷形态分为弱吸附态有机磷（$WA–P_o$）、潜在活性有机磷（$PA–P_o$）、中活性有机磷（$MA–P_o$）及非活性有机磷（$R–P_o$）。

4.2.3.2 沉积物无机磷赋存特征

乌兰诺尔湿地表层沉积物无机磷组分中 $WA–P_i$、$PA–P_i$、$Fe/Al–P_i$、$Ca–P_i$ 的含量分别在 2.82～8.20 mg/kg、0.66～15.49 mg/kg、10.60～32.13 mg/kg 和 1.90～10.21 mg/kg，平均含量分别为 5.78 mg/kg、5.25 mg/kg、23.65 mg/kg 和 5.06 mg/kg。

从图 4.8 可以看出，$Fe/Al–P_i$ 是乌兰诺尔湿地沉积物无机磷的主要组分，各点位 $Fe/Al–P_i$ 占无机磷的比例在 43.0%～74.9%，平均占比为 59.1%。其次为 $WA–P_i$，$WA–P_i$ 占无机磷的比例在 5.4%～35.0%，平均占比为 15.6%。

Ca–P_i 占无机磷的比例在 4.3%～19.4%，平均占比为 12.8%。PA–P_i 所占比例最小，占无机磷的比例为 1.8%～28.9%，平均占比为 12.5%。

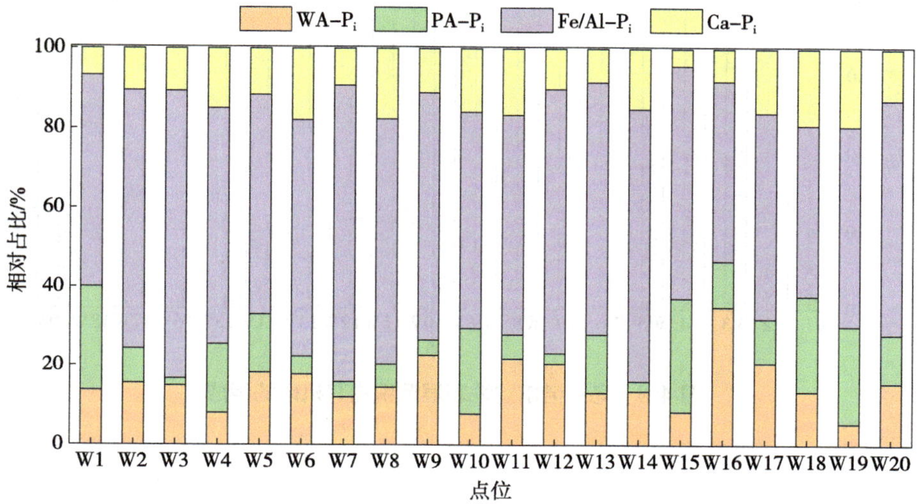

图 4.8　乌兰诺尔湿地表层沉积物无机磷的组成

4.2.3.3　沉积物有机磷赋存特征

乌兰诺尔湿地表层沉积物有机磷组分中 WA–P_o、PA–P_o、MA–P_o、R–P_o 的含量分别在 0.94～13.44 mg/kg、114.71～140.60 mg/kg、101.84～197.31 mg/kg 和 90.24～381.07 mg/kg，平均含量分别为 5.79 mg/kg、127.44 mg/kg、147.68 mg/kg 和 255.79 mg/kg。

从图 4.9 可以看出，R–P_o 是乌兰诺尔湿地沉积物有机磷的主要组分，各点位 R–P_o 占有机磷的比例在 24.0%～61.0%，平均占比为 46.5%。其次为 MA–P_o，MA–P_o 占有机磷的比例为 19.8%～42.5%，平均占比为 28.1%。PA–P_o 占有机磷的比例为 18.3%～31.4%，平均占比为 24.3%。WA–P_o 占有机磷的比例最小，占有机磷的比例为 0.2%～2.6%，平均占比为 1.1%。

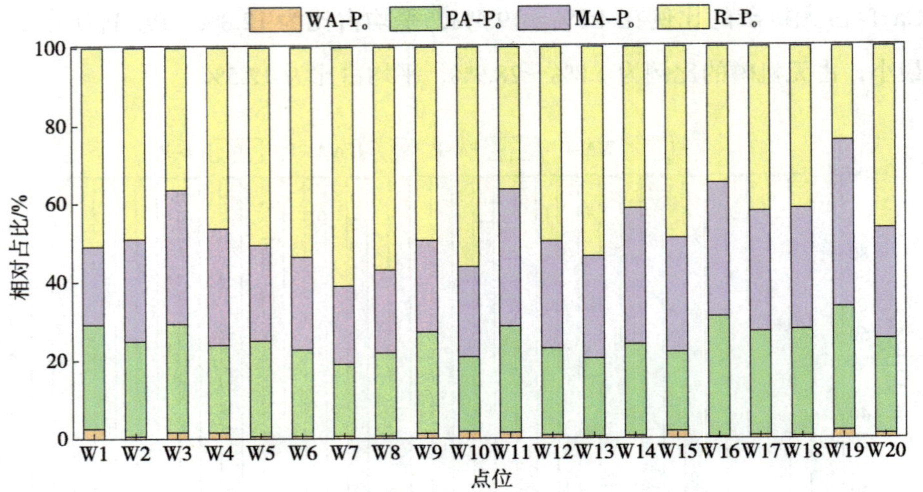

图 4.9　乌兰诺尔湿地表层沉积物有机磷的组成

4.2.4　沉积物磷生物有效性分析

采用薄膜扩散梯度技术（DGT）对乌兰诺尔湿地沉积物中磷的生物有效性进行调查分析。DGT 是一种被动采样技术，通过对目标物在扩散层的梯度扩散及其缓冲动力学过程的研究，获得目标物在环境介质中的（生物）有效性含量与空间分布、离子态 - 络合态动力学以及固 - 液之间交换动力学的信息，近年来被广泛应用于沉积物氮磷生物有效性、沉积物 - 水界面氮磷迁移 - 释放机制及沉积物氮磷内源负荷等研究方面[138-140]。

乌兰诺尔湿地表层沉积物生物有效态磷的浓度（C_{DGT-P}）在 0.004～0.034 mg/L，平均浓度为 0.014 mg/L。如图 4.10 所示，表层沉积物 C_{DGT-P} 具有显著的空间分布差异性（$P<0.01$），整体表现出由东北向西南递减的趋势，高值区主要集中在出水口处。

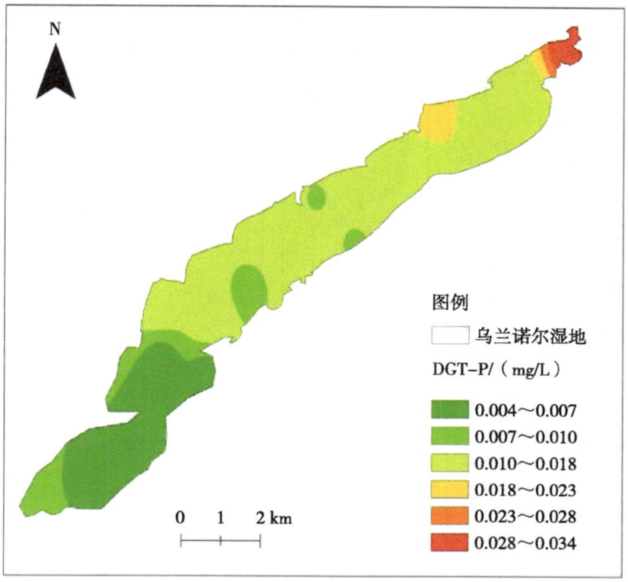

图 4.10　乌兰诺尔湿地表层沉积物生物可利用态磷的空间分布

进一步对乌兰诺尔湿地沉积物 $C_{DGT\text{-}P}$ 的垂直分布特征进行分析，4 个点位（W4、W10、W15、W19）柱状沉积物中 $C_{DGT\text{-}P}$ 的值分别在 0.012～0.034 mg/L、0.003～0.048 mg/L、0.009～0.050 mg/L 和 0.005～0.019 mg/L 范围内，垂直分布特征如图 4.11 所示。在泥 - 水界面以上，$C_{DGT\text{-}P}$ 的变化不大，泥 - 水界面以下 $C_{DGT\text{-}P}$ 呈快速升高趋势，并且不同点位在不同深度出现 $C_{DGT\text{-}P}$ 峰值，这可能是由于局部有机质的强烈降解，或铁氧化物在缺氧条件下还原释放较多的生物有效态磷所致，因此不同点位峰值数量及出现位置有所不同。

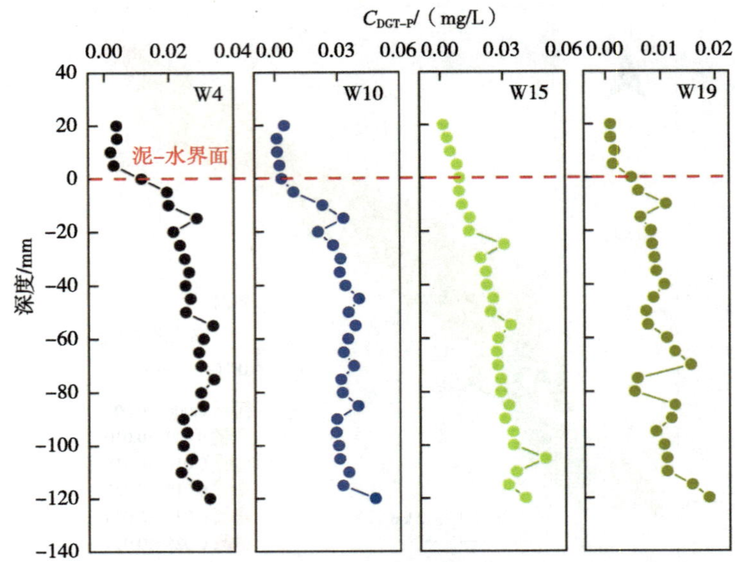

图 4.11　乌兰诺尔湿地沉积物－水界面生物可利用态磷的垂直分布

4.3　沉积物氮赋存特征

4.3.1　间隙水氮赋存特征

乌兰诺尔湿地表层沉积物间隙水中 DTN 的浓度在 2.53～7.33 mg/L，平均浓度为 4.581 mg/L。如图 4.12 所示，表层沉积物间隙水 DTN 的空间分布具有显著性差异（$P<0.01$），高值区主要分布在湖区东北部，而湖区西南部表层沉积物间隙水 DTN 浓度相对较低。

表层沉积物间隙水中 NH_4^+-N 浓度在 0.37～4.66 mg/L，平均浓度为 1.77 mg/L。如图 4.12 所示，NH_4^+-N 的空间分布特征与 DTN 相似，高值区除在湖区东北部有分布外，在湖区中部靠近西南岸边处也相对较高，湖区西南部点位表层沉积物间隙水 NH_4^+-N 浓度相对较低。

表层沉积物间隙水中 NO_3^--N 浓度在 0.12～1.87 mg/L，平均浓度为

0.45 mg/L。间隙水中有机氮（DON）浓度在 0.60～6.08 mg/L，平均浓度为 2.37 mg/L。间隙水中 NO_3^--N 高值区主要分布在湖区东部芦苇区，DON 高值区主要分布在湖区中部靠北岸边（图 4.12）。

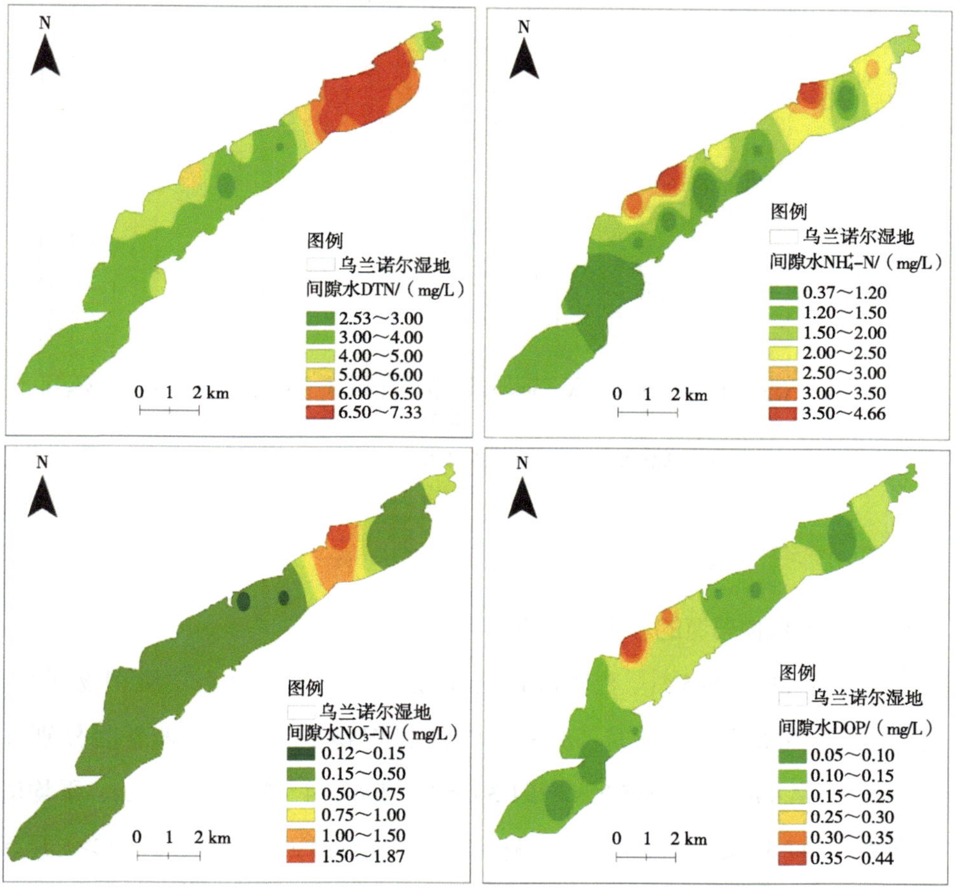

图 4.12 乌兰诺尔湿地表层沉积物间隙水氮的空间分布

乌兰诺尔湿地表层沉积物间隙水中氮以有机态氮为主，各点位间隙水中 DON 占 DTN 的相对比例在 9.1%～3.9%，平均占比为 53.3%。NH_4^+-N 和 NO_3^--N 占 DTN 的相对比例分别在 10.7%～77.6% 和 2.9%～28.2%，平均占比分别为 37.0% 和 9.7%。

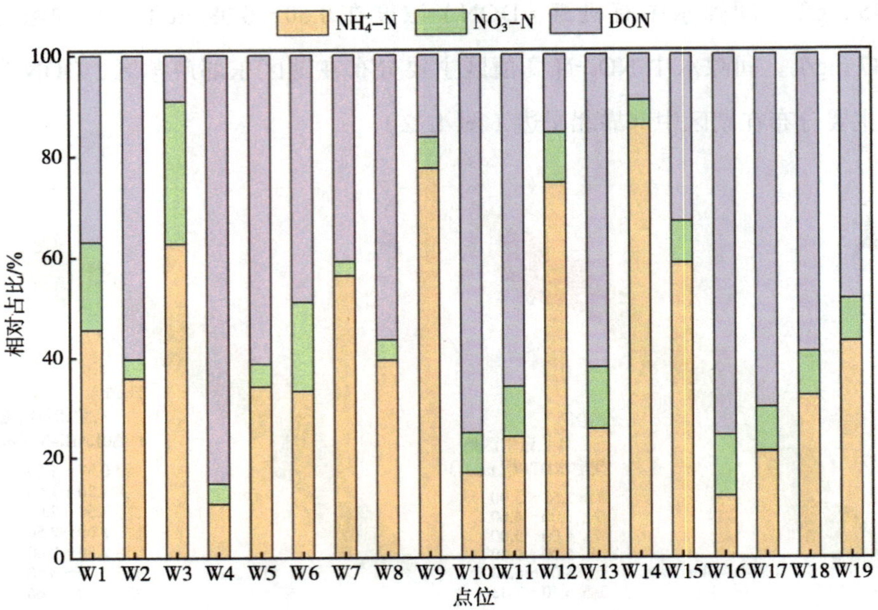

图 4.13　乌兰诺尔湿地间隙水 NH_4^+-N、NO_3^--N 和 DON 相对占比

4.3.2　沉积物氮空间分布特征

4.3.2.1　沉积物总氮的水平分布特征

先后于 2022 年 5 月、8 月和 11 月采集乌兰诺尔湿地表层沉积物样品，进行 TN 含量的测定，5 月、8 月和 11 月沉积物 TN 含量变化范围分别在 695.4～2 344.8 mg/kg、615.0～2 191.3 mg/kg 和 638.4～2 395.6 mg/kg，平均值分别为 1 547.5 mg/kg、1 493.8 mg/kg 和 1 574.7 mg/kg，呈现出 11 月＞5 月＞8 月的季节变化特征。沉积物 TN 的季节变化与温度及水生植物的生长有关，由于 5 月沉积物还有秋冬季氮的储存，并且温度尚低，水体刚刚解封，植物生长缓慢因而对氮的吸收利用较少。随着温度的升高，8 月水生植物大量生长，消耗了沉积物中大量的氮，且温度升高微生物活性增强，沉积物中有机质矿化分解，释放了一部分的氮，导致沉积物 TN 含量下降。进入秋季后，温度下降，植物枯萎死亡的残体进入沉积物，导致氮的累积，加上矿化速率

下降，沉积物中 TN 含量有所升高 [141-142]。

乌兰诺尔湿地表层沉积物 TN 空间分布如图 4.14 所示，各月份沉积物 TN 空间分布特征相似，TN 高值区主要分布在湖区中部及东北部，在湖区西南部浓度较低。与 TP 相同，TN 的分布也主要受到沉积物粒径及有机质含量的影响，分析结果表明，沉积物 TN 含量与粒径显著负相关（R^2=−0.932，P<0.01），与有机质显著正相关（R^2=0.964，P<0.01）。

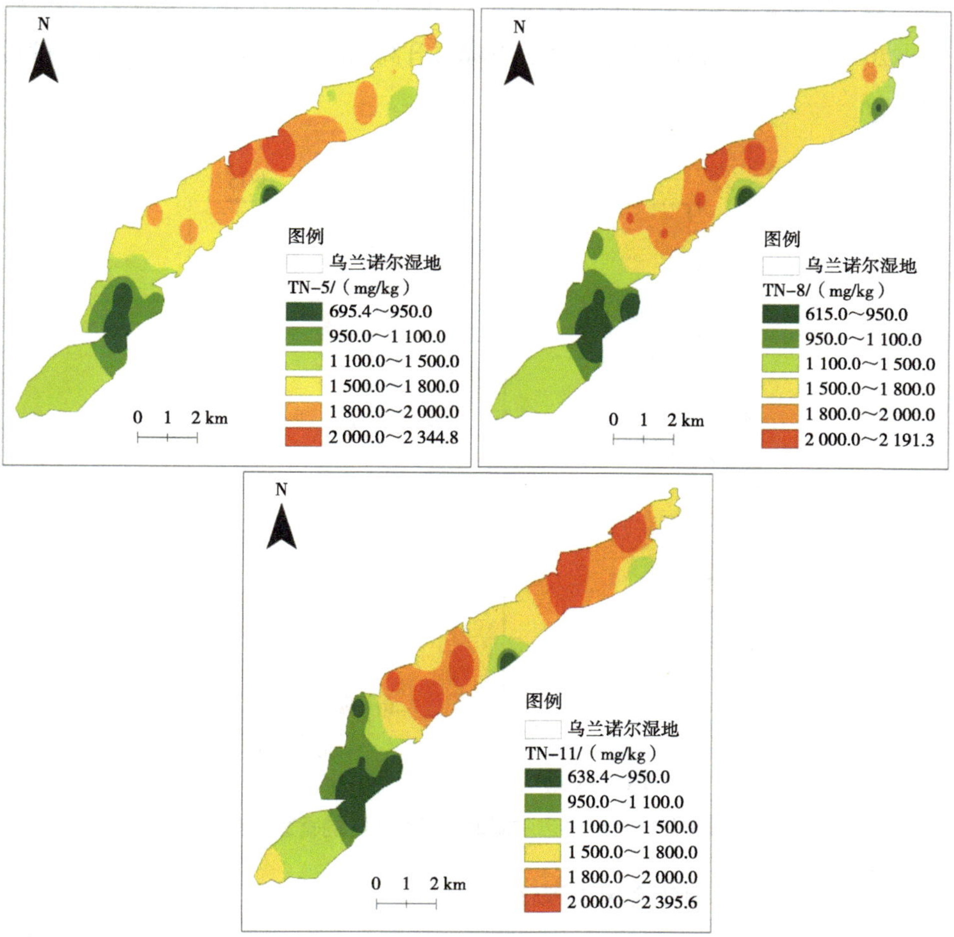

图 4.14　乌兰诺尔湿地表层沉积物 TN 的空间分布

4.3.2.2 沉积物总氮的垂直分布特征

对采集的柱状沉积物样品进行 1 cm 分层，并对沉积物中 TN 的含量进行分析测试，乌兰诺尔湿地沉积物中 TN 的垂直分布特征如图 4.15 所示。

在垂向 0～40 cm 深度内，乌兰诺尔湿地 W10 和 W15 点位 TN 的含量分别在 1 356.78～3 183.54 mg/kg 和 819.80～2 936.16 mg/kg 波动。乌兰诺尔湿地沉积物 TN 含量在垂向上整体呈波动下降并趋于稳定的变化趋势。在 0～10 cm，沉积物 TN 含量呈波动下降趋势，TN 在表层沉积物中具有明显的累积效应；10～20 cm TN 含量整体呈先升高后下降再升高的趋势；20 cm 以下 TN 含量趋于稳定。

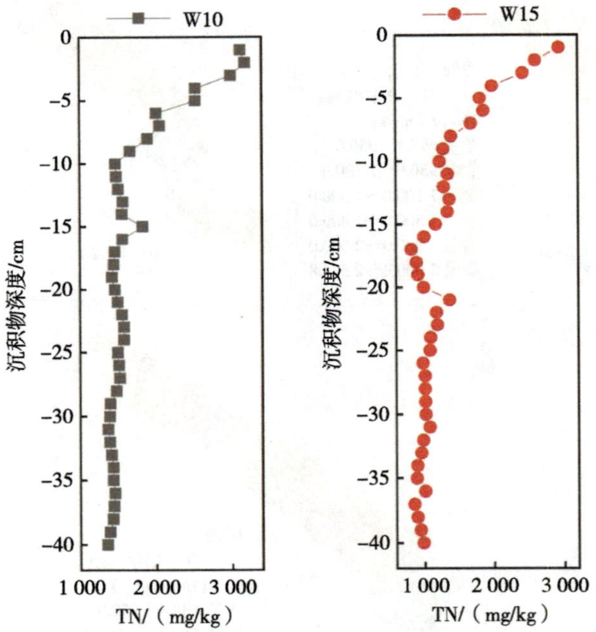

图 4.15 乌兰诺尔湿地沉积物 TN 的垂直分布

4.3.2.3 沉积物总氮生态风险评估

以加拿大安大略省环境与能源部制定的沉积物质量评价指南为标准，对乌兰诺尔湿地沉积物 TN 的污染状况进行评估。2022 年三次调查乌兰诺尔湿地所有点位表层沉积物 TN 含量均未超过严重级别标准限值（4 800 mg/kg）[137]，沉积物不会产生严重的生态毒性效应。如表 4.3 所示，2022 年 5 月、8 月和 11 月各点位沉积物 TN 的含量均高于安全级别（550 mg/kg），但是低于严重级别标准限值（4 800 mg/kg）[137]，说明沉积物受到 TN 污染，可能会引起最低级别的生态毒性效应，但是不会引起严重的生态毒性效应，大部分底栖生物能够忍受。

表 4.3　乌兰诺尔湿地表层沉积物 TN 含量及质量评价标准

<table>
<tr><td>项目</td><td>安全级别</td><td colspan="3">TN/（mg/kg）</td></tr>
<tr><td rowspan="3">沉积物质量评价标准</td><td>安全级</td><td colspan="3"><550</td></tr>
<tr><td>最低级</td><td colspan="3">550～4 800</td></tr>
<tr><td>严重级</td><td colspan="3">≥4 800</td></tr>
<tr><td rowspan="4">乌兰诺尔湿地实测值</td><td>项目</td><td>5 月</td><td>8 月</td><td>11 月</td></tr>
<tr><td>平均值</td><td>1 547.5</td><td>1 493.8</td><td>1 574.7</td></tr>
<tr><td>最小值</td><td>695.4</td><td>615.0</td><td>638.4</td></tr>
<tr><td>最大值</td><td>2 344.8</td><td>2 191.3</td><td>2 395.6</td></tr>
</table>

4.3.3　沉积物氮赋存形态特征

沉积物氮含量、形态及其分布特征与湖泊沉积物氮内源负荷息息相关，并且可以在解吸附、分解、配位体交换以及酶水解作用下，通过扩散、再悬浮、生物扰动等方式进入上覆水体，维持并进一步加深湖泊的富营养化水平。然而，并不是所有形态的沉积物氮都能直接释放进入上覆水，只有沉积物“活跃”的氮组分才能在沉积物–水界面发生迁移和转化。本次研究采用了连续分级提取法对表层沉积物中氮不同赋存形态进行了测定，沉积物中氮可以分为游离态氮（FN）、可交换态氮（EN）、酸解态氮（HN）及残渣态氮（RN）。

乌兰诺尔湿地沉积物中 FN、EN、HN 和 RN 的含量分别在 21.92～

77.51 mg/kg、16.20～60.93 mg/kg、406.87～1 564.72 mg/kg 和 237.96～842.54 mg/kg，各组分平均含量从小到大依次为 HN＞RN＞FN＞EN，各点位沉积物氮组分构成如图 4.16 所示。

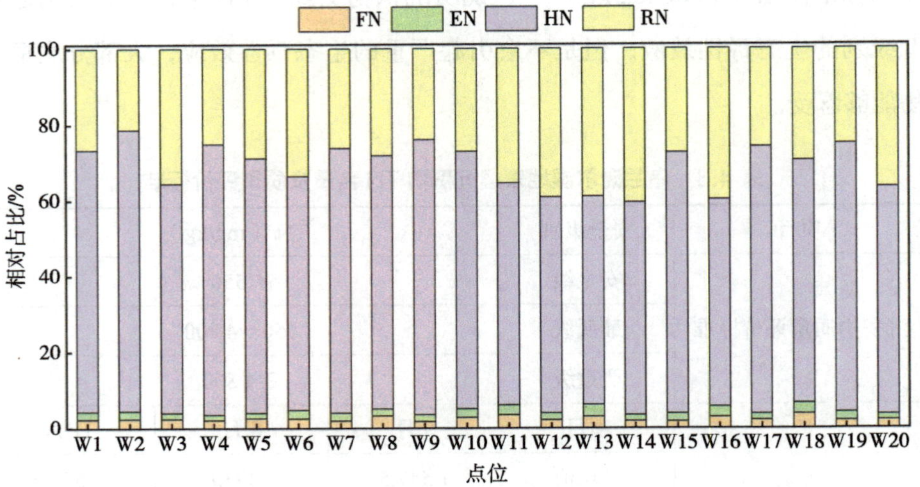

图 4.16　乌兰诺尔湿地表层沉积物氮的形态组成

从图 4.16 可以看出，HN 是乌兰诺尔湿地沉积物氮的主要组分，各点位 HN 含量占 TN 的比例在 54.6%～74.1%，平均占比为 64.7%。其次为 RN，RN 占 TN 的比例在 21.3%～40.5%，平均占比为 30.7%。再次为 FN，FN 占 TN 的比例在 1.7%～3.7%，平均占比为 2.4%。EN 占 TN 的比例最小，在 1.5%～3.3%，平均占比为 2.1%。

4.3.4　沉积物氮生物有效性分析

4.3.4.1　沉积物氨氮生物有效性

乌兰诺尔湿地表层沉积物生物可利用态氨氮（$C_{DGT\text{-}NH_4^+}$）的浓度在 0.10～0.39 mg/L，平均浓度为 0.19 mg/L，低于太湖（2.45 mg/L）、白洋淀（1.25～3.29 mg/L）和嘉兴南湖（0.845 mg/L）可利用态氨氮平均浓度，处于相对较低水平。$C_{DGT\text{-}NH_4^+}$ 表现出显著的空间分布差异性（$P<0.01$），

$C_{DGT-NH_4^+}$ 的最高值和最低值分别出现在湖区西部的 W14 点位和湖心处的 W10 点位（图 4.17）。

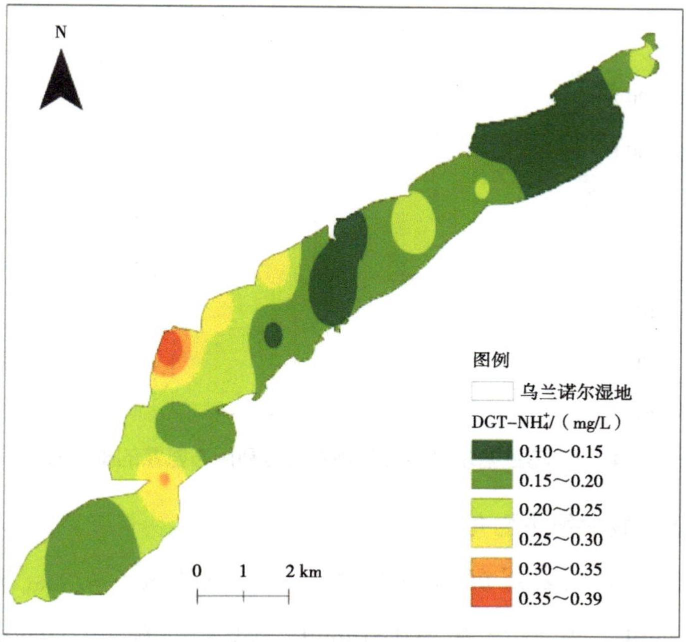

图 4.17　乌兰诺尔湿地表层沉积物生物可利用态氨氮的空间分布

进一步对乌兰诺尔湿地沉积物 $C_{DGT-NH_4^+}$ 的垂直分布特征进行分析，4 个点位（W4、W10、W15、W19）柱状沉积物中 $C_{DGT-NH_4^+}$ 的值分别在 0.10～0.32 mg/L、0.09～0.46 mg/L、0.09～0.30 mg/L、0.10～0.29 mg/L 范围内，垂直分布特征如图 4.18 所示。在泥 - 水界面以上，各点位 $C_{DGT-NH_4^+}$ 的值变化趋势不同，其中 W4 和 W19 呈下降趋势，W10 呈升高趋势，W15 呈先升高再下降趋势；在泥 - 水界面以下，各点位 $C_{DGT-NH_4^+}$ 整体呈先下降后升高的趋势。

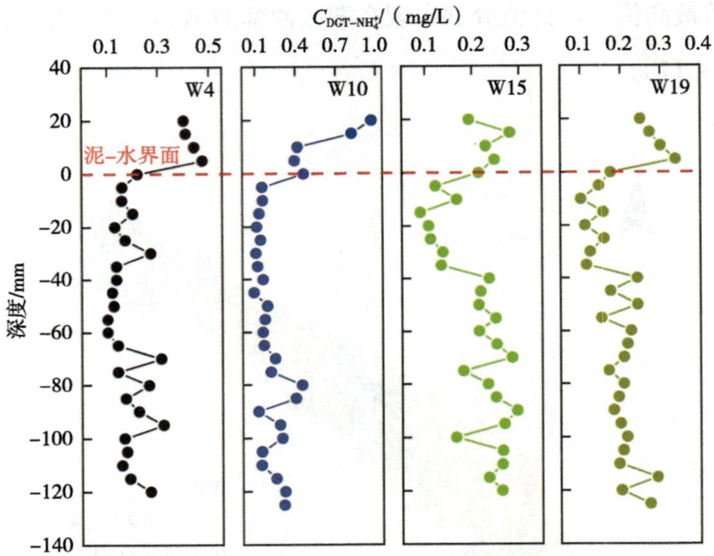

图 4.18　乌兰诺尔湿地沉积物生物可利用态氨氮的垂直分布

4.3.4.2　沉积物硝氮生物有效性

乌兰诺尔湿地表层沉积物生物可利用态硝氮（$C_{DGT-NO_3^-}$）的浓度在0.18～0.47 mg/L，平均浓度为0.31 mg/L，低于太湖（0.6 mg/L）和南湖（3.34 mg/L）可利用态硝氮平均浓度。与 $C_{DGT-NH_4^+}$ 相似，$C_{DGT-NO_3^-}$ 也表现出显著的空间分布差异性（$P<0.01$），$C_{DGT-NO_3^-}$ 的最高值和最低值分别出现在湖区东北部的 W4 点位和湖心处的 W13 点位（图 4.19）。

乌兰诺尔湿地 4 个点位（W4、W10、W15、W19）柱状沉积物中 $C_{DGT-NO_3^-}$ 的浓度分别在0.36～0.75 mg/L、0.32～0.52 mg/L、0.28～0.47 mg/L、0.30～0.41 mg/L 范围内，垂直分布特征如图 4.20 所示。在泥 - 水界面以上，各点位 $C_{DGT-NO_3^-}$ 的变化趋势不同，其中 W4、W15 和 W19 呈先下降后升高趋势，W10 的 $C_{DGT-NO_3^-}$ 变化不大；在泥 - 水界面以下，各点位 $C_{DGT-NO_3^-}$ 整体呈先下降后升高的趋势。可以看出，在靠近泥 - 水界面及上方上覆水处，$C_{DGT-NO_3^-}$ 有升高的趋势，可能是因为有氧条件下有利于硝化反应的进行。

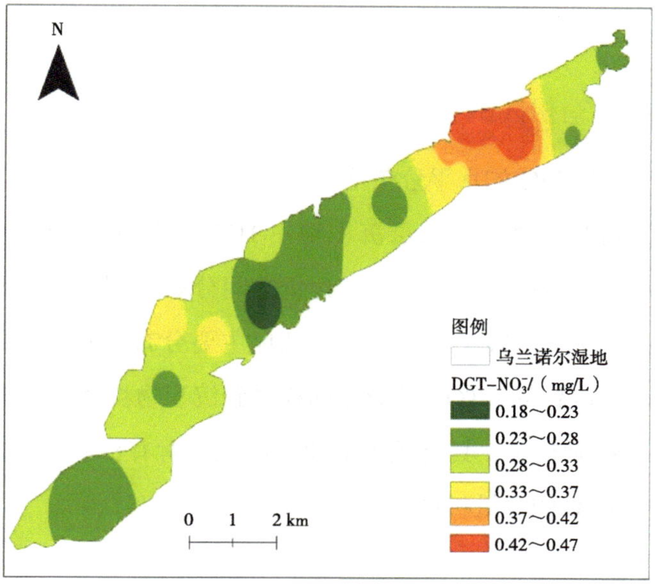

图 4.19　乌兰诺尔湿地表层沉积物生物可利用态硝氮的空间分布

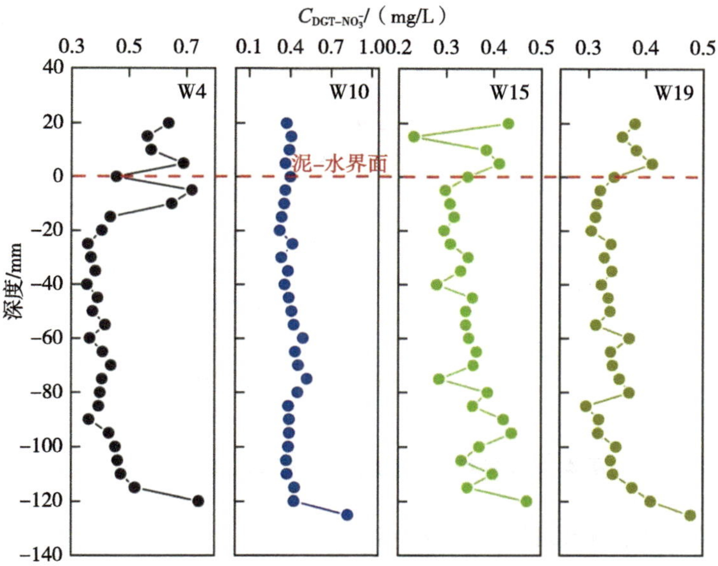

图 4.20　乌兰诺尔湿地沉积物生物可利用态硝氮的垂直分布

4.4 沉积物有机质赋存特征

4.4.1 沉积物有机质的空间分布特征

4.4.1.1 沉积物 TOC 的水平分布特征

乌兰诺尔湿地调查点位表层沉积物中 TOC 的含量在 20.31～44.51 g/kg，平均含量为 34.02 g/kg。沉积物 TOC 含量空间分布如图 4.21 所示，与 TP 和 TN 的空间分布特征相似，TOC 的高值区也主要分布在湖区中部及东北部，在湖区西南部浓度较低。TOC 的分布同样受到沉积物粒径的影响，在湖区中部沉积物粒径相对较小，具有较大的比表面积，对有机质的吸附能力更强，因此沉积物中 TOC 的含量相对较高。

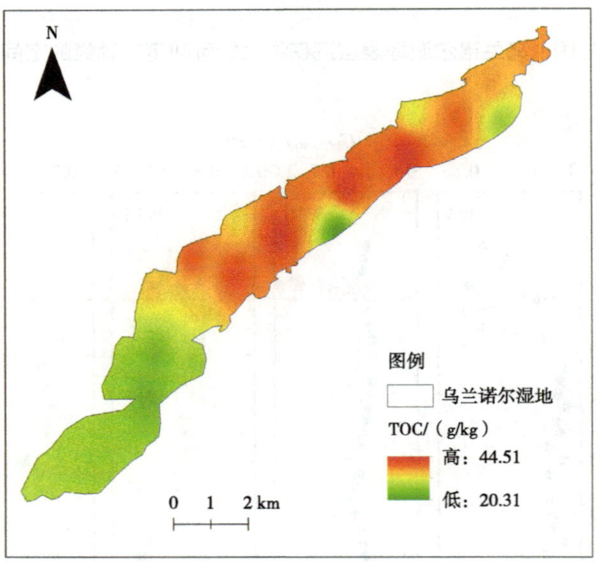

图 4.21 乌兰诺尔湿地沉积物 TOC 的空间分布

4.4.1.2 沉积物 TOC 的垂直分布特征

乌兰诺尔湿地沉积物中 TOC 的垂直分布特征如图 4.22 所示。在 0～22 cm 深度范围内，乌兰诺尔湿地 W10 和 W15 点位 TOC 的含量分别在 26.20～48.55 g/kg 和 22.83～43.20 g/kg 波动。与沉积物 TN 的垂直分布特征相似，沉积物中 TOC 含量在垂向上也整体表现出波动下降并趋于稳定的变化趋势。在 0～10 cm，沉积物 TOC 的含量呈波动下降趋势，W10 和 W15 点位表层 10 cm 沉积物中 TOC 的平均含量分别为 40.64 g/kg 和 33.24 g/kg；在 11 cm 以下，沉积物中 TOC 含量整体趋于稳定，W10 和 W15 点位在 11～22 cm 深度内沉积物中 TOC 的平均含量分别为 28.04 g/kg 和 24.83 g/kg。可以看出，表层 10 cm 沉积物中 TOC 的含量明显高于深层沉积物，TOC 在表层沉积物中具有明显的累积效应。

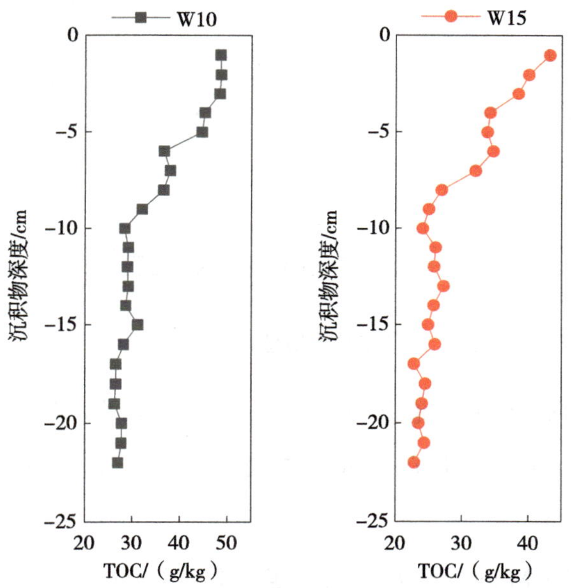

图 4.22　乌兰诺尔湿地沉积物 TOC 的垂直分布

4.4.2　沉积物有机质的赋存形态特征

根据在不同提取剂中的溶解性，沉积物有机质组分主要包括 WEOM、HA、FA 和 HM。其中，WEOM 可溶于水，是沉积物有机质中较为活跃的组分，其生物可利用性最高。WEOM 含量会直接影响沉积物中微生物的活性和微生物量 [143]。HA 溶于碱而不溶于酸，颜色较深，呈棕色至暗褐色。FA 既溶于酸又溶于碱，为浅黄色[144]。HM 既不溶于酸也不溶于碱，较难分解，是沉积物有机质中最稳定的形态[145]。乌兰诺尔湿地沉积物中有机质组分的赋存特征如图 4.23 所示，各组分的平均含量及其占 TOC 的相对比例均表现为 HM＞FA＞HA＞WEOM，HM 为表层沉积物中有机质的绝对优势组分。

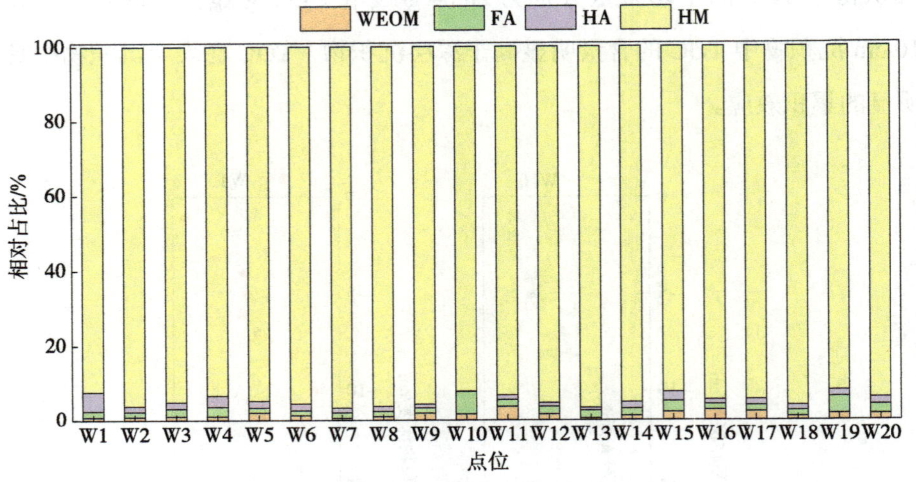

图 4.23　乌兰诺尔湿地沉积物有机质组分构成

WEOM 是乌兰诺尔湿地沉积物有机质中含量最小的组分。本次调查的表层沉积物中 WEOM 的含量在 0.16～0.72 g/kg，平均含量为 0.45 g/kg，占 TOC 的平均比例为 1.4%。

FA、HA 和 HM 的构成元素主要包括 C、H、O，还包括少量的 N 和 S，三类有机质组分的分子量、结构以及所含有的化学基团等均存在一定程度的差异[146]。其中，FA 的不饱和度最低，氧化度最高，分子量最小，分子结构相较 HA 和 HM 更为简单，FA 更容易与营养盐、重金属等污染物结合，影响污染物在湖泊水环境中的迁移转化和最终归宿[146-148]。本次调查的呼伦湖沉积物中 FA 含量在 0.34～2.66 g/kg，平均含量为 0.75 g/kg，占 TOC 的平均比例为 2.2%。

表层沉积物中 HA 的含量在 0.08～1.97 g/kg，平均含量为 0.57 g/kg，占

TOC 的平均比例为 1.7%。

HM 与 HA 的元素组成相近，但是 HM 更为稳定，不溶于任何 pH 条件的水溶液，HM 对于湖泊水环境中碳的截获和生物地球化学循环等方面都具有重要的影响[149]。表层沉积物中 HM 的含量在 18.98～42.58 g/kg，平均含量为 32.47 g/kg，占 TOC 的平均比例为 94.7%，为 SOM 的优势组分。

4.4.3　SOM 稳定性评估

湖泊 SOM 的分解转化主要包括矿化和腐殖化。矿化是指沉积物中难降解的腐殖质等有机物被微生物分解成简单无机化合物的过程。腐殖化是指有机质向腐殖质转化的过程。湖泊 SOM 的稳定性与其腐殖化程度成正比。PQ 值（胡敏酸占腐殖酸的比例）越大，表示 SOM 的腐殖化进行得越彻底，有机质越稳定，有机质在沉积物中得到累积，对碳循环的贡献小；反之，则说明有机质的稳定性较差，有机碳会进入再循环，增加对碳循环的贡献[150]。

PQ 值按式（4.1）计算：

$$PQ = HA / (WEOM + HA + FA) \tag{4.1}$$

式中，HA 为沉积物中胡敏酸的含量，g/kg；WEOM 为沉积物中水提态有机质，g/kg；FA 为沉积物中富里酸的含量，g/kg。

乌兰诺尔湿地表层沉积物 SOM 的 PQ 值在 0.02～0.69，平均值为 0.32。与我国其他湖区的湖泊相比，乌兰诺尔湿地沉积物有机质的 PQ 值低于岱海（0.46）[151]、太湖（0.36）[128]和洞庭湖（0.30）[152]，但是高于鄱阳湖（0.29）[152]、洪泽湖（0.23）[152]和乌梁素海（0.21）[153]。可以看出，乌兰诺尔湿地沉积物有机质的稳定性处于中等水平，未来应对沉积物有机质的腐殖化程度和释放风险做进一步的评估。

4.5 小结

对乌兰诺尔湿地沉积物基本理化特征，沉积物中氮、磷、有机质的空间分布、组分构成和生物有效性进行了详细调查，得到的主要结论如下：

（1）乌兰诺尔湿地表层沉积物 pH 为 7.68～8.88，沉积物呈碱性；平均容重和平均含水率分别为 1.39 g/m^3 和 53.61%。沉积物厚度在 0.40～1.50 m，平均厚度为 0.93 m，整体呈现湖泊西南部低于湖泊中部和东北部的空间分布趋势。沉积物中值粒径在 11.68～68.99 μm，平均值为 21.60 μm；沉积物粒径以粉粒为主，粉粒占比为 69.9%。从粒径的空间分布上看，湖区中部沉积物粒径以粉粒和黏粒为主，湖区西南部和湖泊出入水口处沉积物以砂粒为主。

（2）乌兰诺尔湿地表层沉积物间隙水中 DTP 浓度在 0.12～0.54 mg/L，平均浓度为 0.25 mg/L。间隙水 DTP 浓度的空间分布特征差异性显著（$P<0.01$），湖区中部和东北部间隙水 DTP 含量高于湖区西南部。DOP 为间隙水 DTP 的主要组分，平均占比为 60.9%。

（3）乌兰诺尔湿地表层沉积物 TP 的含量在 336.2～752.1 mg/kg，TP 高值区主要分布在湖区中部，在湖区西南部 TP 浓度较低。湿地沉积物 TP 含量达到沉积物质量评估标准规定的安全级别和最低级别，部分点位沉积物 TP 受到一定程度的污染，能够引起最低级别的生态毒性效应，但是大部分底栖生物能够忍受。在垂向上，沉积物 TP 含量整体呈先降低后趋于稳定的趋势，表层沉积物存在累积效应。

（4）乌兰诺尔湿地表层沉积物磷以残渣态磷为主，占沉积物总磷的平均比例为 40.8%。沉积物有机磷和无机磷含量分别在 375.30～667.02 mg/kg 和 23.43～58.80 mg/kg，有机磷占总磷的平均比例为 93.1%，为总磷的主要组分。有机磷主要组分为非活性有机磷，占有机磷的平均比例为 46.5%。表层沉积物生物有效态磷的浓度（C_{DGT-P}）在 0.004～0.034 mg/L，C_{DGT-P} 整体表现出由东北向西南递减的趋势，高值区主要在出水口处。在泥－水界面以上，C_{DGT-P} 的值变化不大；在泥－水界面以下，C_{DGT-P} 呈快速升高趋势，并且不同点位在不同深度出现 C_{DGT-P} 峰值。

（5）乌兰诺尔湿地表层沉积物间隙水中 DTN 的浓度在 2.53～7.33 mg/L，高值区主要分布在湖区东北部，而湖区西南部 DTN 浓度相对较低。有机态氮为表层沉积物间隙水中氮的主要形态，占 DTN 的平均比例为 53.3%。

（6）乌兰诺尔湿地表层沉积物 TN 的含量在 615.0～2 395.6 mg/kg，高值区主要分布在湖区中部及东北部，湖区西南部含量较低。湿地沉积物 TN 含量达到沉积物质量评估标准规定的最低安全级别，能够引起最低级别的生态毒性效应，但是大部分底栖生物能够忍受。另外，大部分点位表层沉积物有机氮含量达到污染程度。在垂向上，沉积物 TN 含量整体呈先降低后趋于稳定的趋势，表层沉积物存在累积效应。

（7）乌兰诺尔湿地表层沉积物氮以酸解态氮为主，占沉积物 TN 的平均比例为 64.7%。表层沉积物生物有效态氨氮和硝氮的浓度分别在 0.10～0.39 mg/L 和 0.18～0.47 mg/L，高值区主要分布在湖区西部和东北部部分点位，垂向上整体均表现为先下降后升高的趋势。

（8）表层沉积物中 TOC 含量在 20.31～44.51 g/kg，水平空间分布特征表现为湖区中部及东北部高于西南部，垂直分布特征表现为由上至下呈波动下降并趋于稳定，且在表层表现出明显的累积效应。沉积物有机质不同化学组分的含量及占 TOC 的相对比例均表现为 HM＞FA＞HA＞WEOM，HM 为表层沉积物中有机质的绝对优势组分。

第 5 章

沉积物－水界面氮、磷的迁移转化特征及释放风险

CHAPTER 5

5.1 沉积物 – 水界面磷的迁移转化特征及释放风险评估

5.1.1 沉积物磷的静态释放特征

选择乌兰诺尔湿地 4 个点位（W4、W10、W15、W19）进行为期 13 d 的静态释放实验，静态释放过程中上覆水 TP 和 IP 浓度的变化如图 5.1 所示。

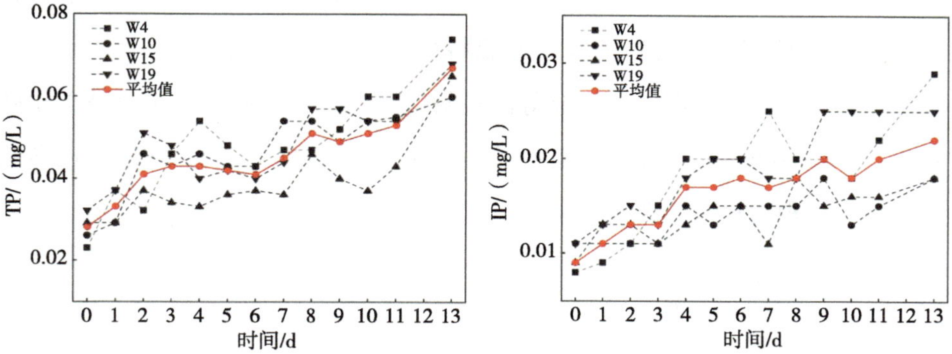

图 5.1　沉积物静态释放过程中上覆水中磷浓度随时间变化

在实验过程中，4 个点位上覆水中 TP 和 IP 整体均呈波动上升趋势，点位 W4、W10、W15、W19 上覆水中 TP 浓度分别从初始（0 d）的 0.023 mg/L、0.026 mg/L、0.029 mg/L 和 0.032 mg/L 上升到实验结束（13 d）时的 0.074 mg/L、0.060 mg/L、0.065 mg/L 和 0.068 mg/L，释放速率分别为 1.18 mg/（m^2·d）、0.85 mg/（m^2·d）、0.68 mg/（m^2·d）和 0.78 mg/（m^2·d），各点位 TP 释放速率大小表现为 W4＞W10＞W19＞W15，平均释放速率为 0.87 mg/（m^2·d）。

点位 W4、W10、W15、W19 上覆水中 IP 浓度分别从初始（0 d）的 0.008 mg/L、0.011 mg/L、0.009 mg/L 和 0.011 mg/L 上升到实验结束（13 d）时的 0.029 mg/L、0.018 mg/L、0.018 mg/L 和 0.025 mg/L，释放速率分别为 0.49 mg/（m^2·d）、0.16 mg/（m^2·d）、0.22 mg/（m^2·d）和 0.38 mg/（m^2·d），各点位 IP 释放速率大小表现为 W4＞W19＞W15＞W10，平均释放速率为 0.31 mg/（m^2·d）。

乌兰诺尔湿地沉积物 TP 和 IP 释放速率均为正，说明存在沉积物向上覆水的释磷行为，沉积物充当磷源的角色，其释放行为会导致上覆水中磷浓度上升，进而影响湖泊水质。

5.1.2 沉积物磷的等温吸附特征

采用修正后的 Langmuir 等温吸附模型和 Freundlich 等温吸附模型研究乌兰诺尔湿地沉积物对磷的吸附等温特征，结果如图 5.2 和表 5.1 所示。由图 5.2 可见，修正后的 Langmuir 等温吸附模型（R^2 为 0.993 6～0.995 8）比修正后的 Freundlich 等温吸附模型（R^2 为 0.981 9～0.994 7）能更好地描述乌兰诺尔湿地沉积物对磷的吸附等温线。

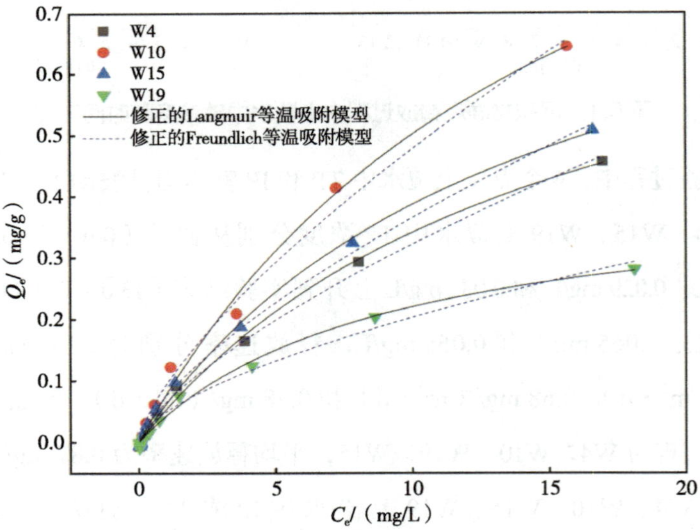

图 5.2　乌兰诺尔湿地沉积物对磷的吸附等温曲线

如表 5.1 所示，乌兰诺尔湿地沉积物样品磷最大吸附量（Q_{max}）与亲和力常数（K）分别在 0.411～1.292 mg/g 和 0.063～0.115 L/mg，平均值分别为 0.874 mg/g 和 0.079 L/mg。根据 Langmuir 等温吸附模型拟合参数进一步计算得到沉积物磷的本底吸附量（NAP）、磷吸附解吸平衡浓度（EPC_0）和

NAP/EPC_0 值。NAP/EPC_0 值可以反映沉积物和水溶液对磷的亲和力，亲和力越高，沉积物对磷的吸附能力也越强[154]。调查点位 NAP/EPC_0 值在 0.047～0.081，平均值为 0.062。各点位 Q_{max} 和 NAP/EPC_0 值由小到大排序均为 W19＜W4＜W15＜W10，这与沉积物的性质密切相关。研究表明，沉积物粒径、pH、有机质含量的高低均会影响沉积物对磷的吸附能力。一般来说，沉积物粒径越小，越有利于沉积物吸附磷；沉积物中高质量有机质也有利于沉积物对磷的吸附。各点位中 W19 的沉积物中值粒径最大、有机质含量最低，不利于沉积物对磷的吸附，因此该点位 Q_{max} 和 NAP/EPC_0 最小；相反地，W10 的沉积物中值粒径最小、有机质含量最高，有利于沉积物吸附磷，因此该点位 Q_{max} 和 NAP/EPC_0 最大。当沉积物 pH 较高时，高浓度的 OH^- 会通过与含磷阴离子竞争活性吸附点位来削弱沉积物对磷的吸附，同时高浓度的 OH^- 也能够改变沉积物表面的吸附环境，进一步削弱沉积物对磷的吸附。各点位 pH 在 8.54～8.82，相差不大，因此调查的 4 个点位 Q_{max} 和 NAP/EPC_0 的差异性主要受到沉积物粒径和有机质含量的影响。

表 5.1　沉积物磷修正后的 Langmuir 等温吸附模型拟合参数

采样点位	Q_{max}/（mg/g）	K/（L/mg）	R^2	NAP/（mg/g）	EPC_0/（mg/L）	NAP/EPC_0
W4	0.861 ± 0.066	0.065 ± 0.009	0.995 8	0.008 6	0.154 6	0.056
W10	1.292 ± 0.133	0.063 ± 0.011	0.993 6	0.010 6	0.131 4	0.081
W15	0.930 ± 0.062	0.071 ± 0.008	0.996 6	0.007 7	0.117 1	0.066
W19	0.411 ± 0.026	0.115 ± 0.016	0.993 6	0.007 0	0.150 5	0.047

5.1.3　沉积物磷的吸附动力学特征

乌兰诺尔湿地表层沉积物磷的吸附动力学特征如图 5.3 所示，Elovich 吸附动力学模型能够很好地描述乌兰诺尔湿地表层沉积物磷吸附动力学特征（R^2=0.950 3～0.993 0）。

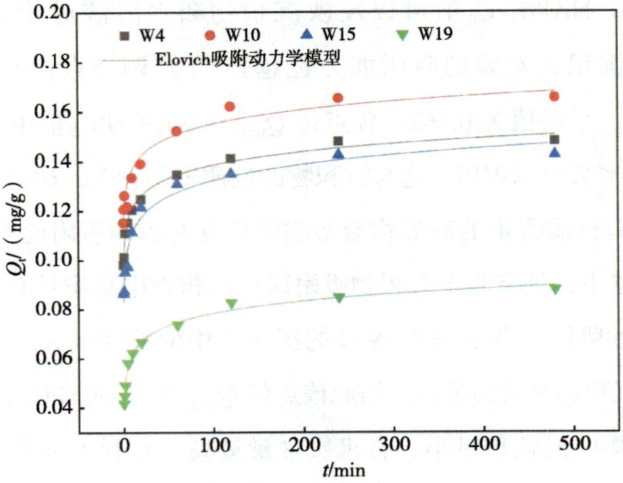

图 5.3 乌兰诺尔湿地沉积物对磷的吸附动力学曲线

乌兰诺尔湿地表层沉积物磷 Elovich 吸附动力学模型拟合参数如表 5.2 所示，初始吸附速率 α 在 4.40～17 249.77 mg/（g · min），β 在 107.16～140.59 g/mg，其中位于中心湖区 W10 点位的 α 最大，西南部湖区 W19 点位的 α 最小，并且解吸常数 β 最大。α 与沉积物颗粒表面积有关，α 越大表明表面积越大，对磷的吸附能力越强；β 与吸附剂表面的吸附能分布有关，β 越大，表明吸附能分布越不均匀 [155]。本次实验结果说明，湿地中心湖区沉积物具有更好的磷吸附能力，而西南部湖区沉积物磷的吸附能力相对较差，解吸行为更容易发生，这主要是湿地中部湖区沉积物中值粒径小，比表面积大，并且有机质含量高，有利于吸附氮、磷等污染物质；而在出水口处及湖区西南部沉积物中值粒径较大，比表面积大，对污染物的吸附能力相对较弱。

表 5.2 乌兰诺尔湿地沉积物磷 Elovich 吸附动力学模型拟合参数

采样点位	α/［mg/（g · min）］	β/（g/mg）	R^2
W4	5 076.18 ± 2 637.40	129.82 ± 4.42	0.990 9
W10	17 249.77 ± 23 039.60	123.45 ± 10.04	0.950 3
W15	136.53 ± 92.67	107.16 ± 6.31	0.973 3
W19	4.40 ± 1.11	140.59 ± 4.21	0.993 0

5.1.4　沉积物磷的释放风险评估

5.1.4.1　上覆水和沉积物间隙水 IP 与 EPC_0 对比分析

沉积物间隙水是沉积物与水界面营养盐交换的重要介质，当间隙水中磷含量超过上覆水中磷含量时，溶解的磷就可以释放到上覆水体，造成“二次污染”现象，可以说间隙水直接影响上覆水磷浓度和沉积物－水界面磷交换过程，间隙水的移动与沉积物磷的迁移、释放及转化密切相关[156-158]。

乌兰诺尔湿地表层沉积物和间隙水中 IP 浓度的对比如图 5.4 所示，可以明显看出，全部点位的表层沉积物间隙水中 IP 浓度均显著高于上覆水中 IP 的浓度，间隙水中 IP 浓度是上覆水中 IP 浓度的 1.5～9.2 倍，存在明显的浓度差，间隙水中 IP 有向上覆水释放的风险。

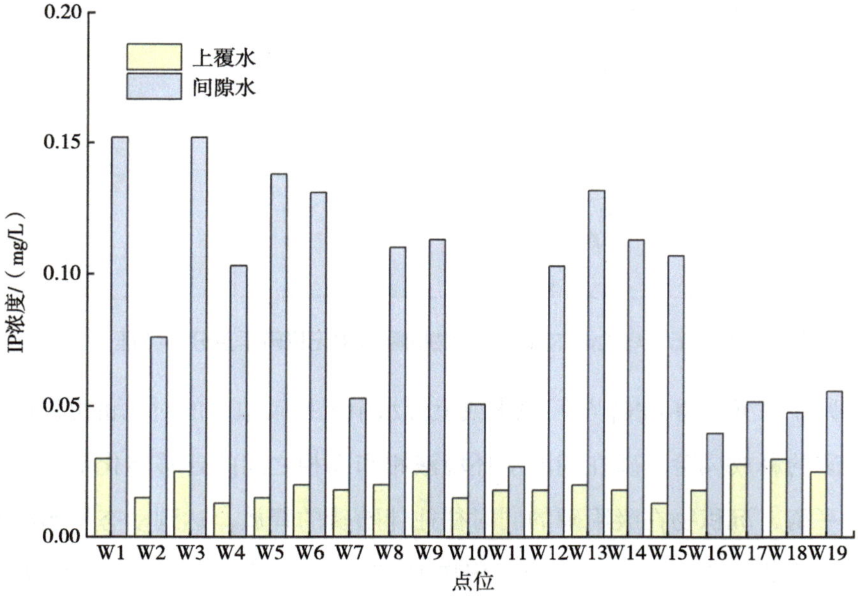

图 5.4　乌兰诺尔湿地上覆水和表层沉积物间隙水 IP 浓度对比

进一步地，采用高分辨孔隙水采样技术（HR-Peeper）对点位 W4、W10、W15 和 W19 柱状沉积物间隙水中无机磷浓度（$C_{Peeper-P}$）垂直分布特征进行调查，可以直观地看出沉积物间隙水和上覆水中 IP 的分布，结果如图 5.5 所示。点位 W4、W10、W15 和 W19 柱状沉积物泥 - 水界面以上 2 cm 上覆水中 $C_{Peeper\text{-}P}$ 值垂向上变化不大，泥 - 水界面以下沉积物中 $C_{Peeper\text{-}P}$ 值由上向下呈快速升高趋势，并且高于上覆水 $C_{Peeper\text{-}P}$ 值，即在乌兰诺尔湿地泥 - 水界面存在一定的 IP 浓度差，沉积物间隙水中的 IP 会向上覆水释放，导致上覆水中磷浓度升高。

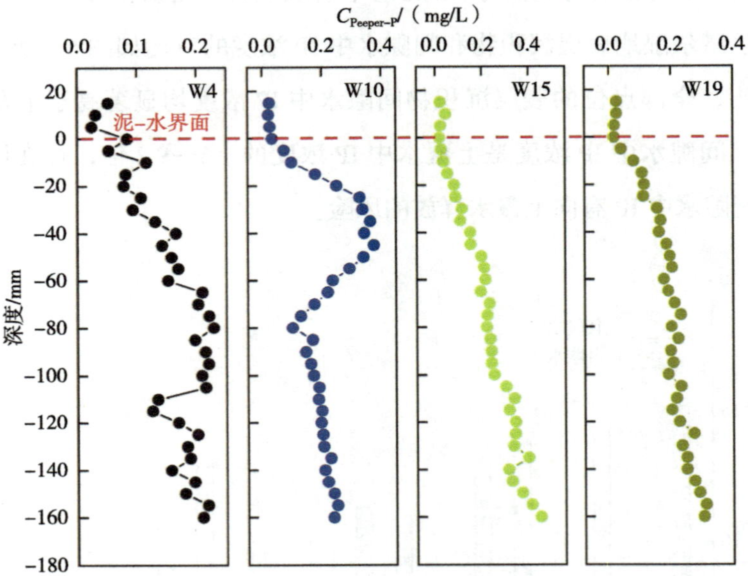

图 5.5　乌兰诺尔湿地沉积物间隙水中无机磷垂直分布特征

另外，沉积物 EPC_0 与间隙水或上覆水中无机磷浓度的对比也可以解析沉积物磷的释放风险。磷在湖泊水环境液相和固相之间的迁移转化最终会达到动态平衡，沉积物在吸附磷的同时往往伴随磷的释放，达到动态平衡时水体中无机磷的浓度称为 EPC_0。当沉积物中 EPC_0 大于间隙水中无机磷的浓度时，沉积物对外释放磷，表现为磷源；当沉积物中 EPC_0 小于间隙水中无机磷的浓度时，沉积物会吸附磷，充当磷汇 [129]。乌兰诺尔湿地表层沉积物上覆水、间隙水中无机磷浓度与 EPC_0 的对比如图 5.6 所示，不同湖区点位沉积物 EPC_0

均高于间隙水中无机磷的浓度，并且间隙水中无机磷的浓度高于上覆水中无机磷的浓度。同时，沉积物静态释放结果表明，点位 W4、W10、W15 和 W19 的 IP 与 TP 平均释放速率均为正值，乌兰诺尔湿地 IP 和 TP 的平均释放速率分别为 0.31 mg/（$m^2 \cdot d$）和 0.87 mg/（$m^2 \cdot d$）。因此，综合各项调查结果可知，乌兰诺尔湿地沉积物存在释放磷的风险，并且不同区域磷释放风险存在差异，这主要是水环境条件和沉积物性质等因素决定的，乌兰诺尔湿地水体和沉积物的 pH 分别在 8.88～9.10 和 7.68～8.88，均呈碱性，研究表明，沉积物 pH 较高，高浓度的 OH^- 会通过与含磷阴离子竞争活性吸附点位来削弱沉积物对磷的吸附，同时高浓度的 OH^- 也能够改变沉积物表面的吸附环境，从而有利于沉积物磷的释放 [159]。点位 W4 磷的释放速率均大于其他点位，一方面可能是因为 EPC_0、间隙水、上覆水中无机磷的浓度差较大，有利于沉积物磷经由间隙水向上覆水释放；另一方面，由于 W4 距离湿地入水口和出水口相对较近，在水力扰动条件下容易形成沉积物再悬浮，有利于沉积物磷的释放。

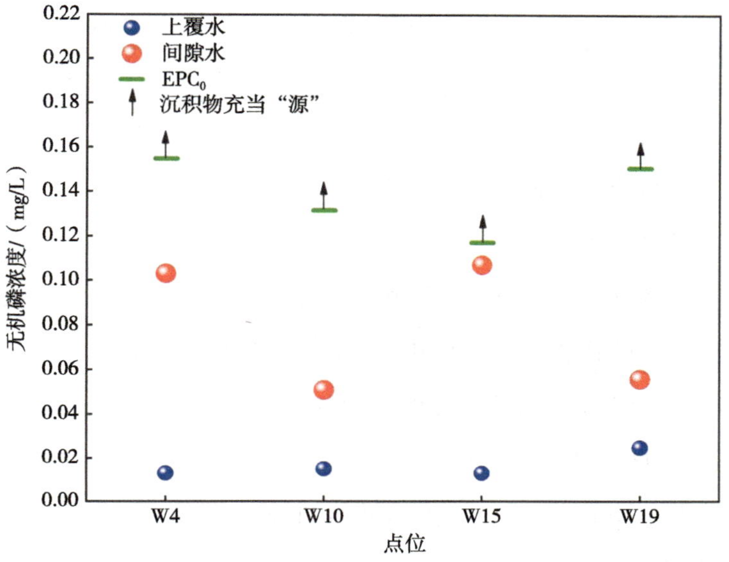

图 5.6　沉积物间隙水、上覆水中无机磷浓度与 EPC_0 对比

5.1.4.2 沉积物磷释放风险指数

根据表层沉积物 TP 含量及修正的 Langmuir 等温吸附模型拟合参数 Q_{max} 计算沉积物磷饱和度（SPS）[160] 与磷释放风险指数（ERI）[161]，计算公式如下：

$$SPS=TP/(TP+Q_{max}) \tag{5.1}$$

$$ERI=SPS/Q_{max} \tag{5.2}$$

乌兰诺尔湿地表层沉积物 SPS 和 ERI 的值如表 5.3 所示，SPS 和 ERI 分别在 35.7%～51.0% 和 27.6%～124.1%，平均占比分别为 42.3% 和 61.0%。根据 ERI 磷释放风险评估标准，调查点位的表层沉积物具有高度的磷释放风险。

表 5.3 乌兰诺尔湿地沉积物磷 SPS 和 ERI 值 [162-163]

样品名称	SPS	ERI
最小值	35.7%	27.6%
最大值	51.0%	124.1%
平均值	42.3%	61.0%
磷释放风险评估标准	较低释放风险	ERI＜10%
	中度释放风险	10%≤ERI＜20%
	较高释放风险	20%≤ERI＜25%
	高度释放风险	ERI≥25%

5.1.4.3 DIFS 模型计算参数分析

（1）固液分配系数

固液分配系数（K_d）反映了沉积物固相中可以向孔隙水中释放的潜在有效态磷容量，反映磷从沉积物固相到液相的迁移能力。

乌兰诺尔湿地表层沉积物 K_d 值在 40.81～295.65 cm^3/g，平均值为 145.76 cm^3/g。乌兰诺尔湿地表层沉积物 K_d 的空间分布如图 5.7 所示，西南湖区大部分点位、中心湖区部分点位及出水口处 K_d 值较大，说明这些区域沉积物有效态磷容量较大。

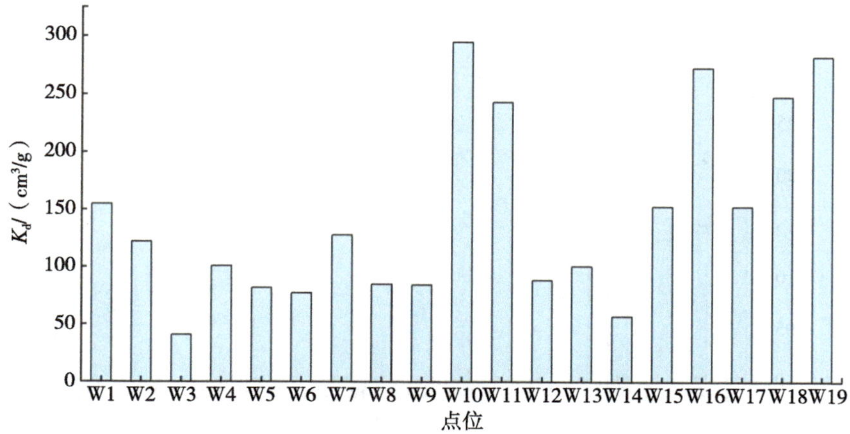

图 5.7　乌兰诺尔湿地表层沉积物磷固液分配系数（K_d）的空间分布

（2）沉积物再分配系数

沉积物再分配系数（R）是沉积物对 DGT 操作导致的磷损耗的指示参数，可以反映沉积物孔隙水中磷被消耗后，沉积物固相的再补给能力，R 值越大说明在 DGT 放置过程中磷从固相到液相的量比越大。根据 R 值，可以把沉积物划分为 3 种情况：①无补给情况：$R<0.1$，表示 DGT 界面处孔隙水中磷被消耗后，沉积物固相几乎没有补给；②充分补给情况：$R>0.95$，表示沉积物固相到液相的补给速度足以维持 DGT 界面孔隙水中磷的消耗，且沉积物中可释放的有效态磷量足够大；③部分补给情况：$0.1<R<0.95$，表示 DGT 界面处孔隙水中磷被消耗后，沉积物固相释放磷的补给速度小于 DGT 消耗磷的速度。

乌兰诺尔湿地表层沉积物 R 值在 0.09～0.33，平均值为 0.15，表明沉积物释放磷的补给速度小于 DGT 消耗磷的速度。R 值的空间分布如图 5.8 所示，整体来看湖心区 R 值相对较高，说明沉积物磷的生物有效性和再补给能力相对较高，其次是湖泊出水口，而湖区西南部 R 值较小，表明沉积物磷生物有效性和再补给能力相对最低。

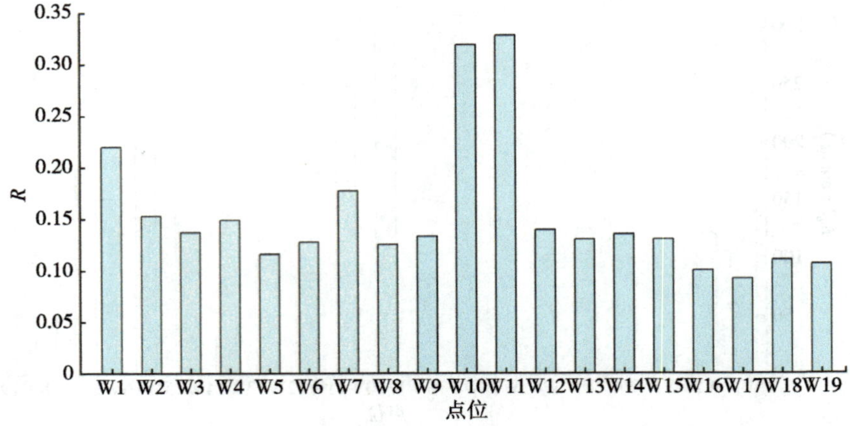

图 5.8 乌兰诺尔湿地表层沉积物再分配系数（R）空间分布

（3）沉积物中磷的响应时间

沉积物中磷的响应时间（T_c）用于反映沉积物系统固液两相平衡被打破后，恢复平衡所需的时间，T_c 越小说明磷在固液两相间的动力学交换速度越快，反之，则说明磷在固液两相间的动力学交换速度越慢。

乌兰诺尔湿地表层沉积物 T_c 值在 19 390～9 999 000 s，平均值为 4 467 273 s。T_c 值的空间分布如图 5.9 所示，整体来看，在湖区东北部出水口处以及湖区西南部 T_c 值较中心湖区低。

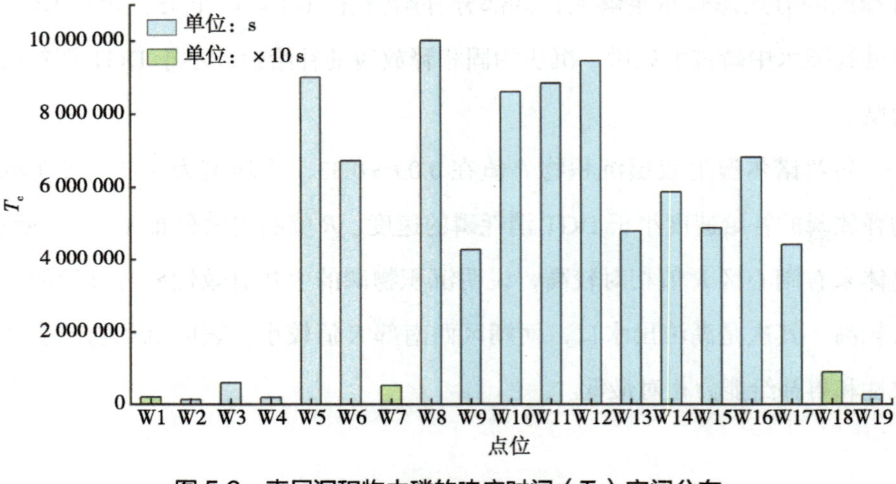

图 5.9 表层沉积物中磷的响应时间（T_c）空间分布

（4）沉积物对磷的解吸系数

沉积物对磷的解吸系数（K_{-1}）也可以反映沉积物磷动力学特征，K_{-1} 值越大说明磷在固液两相间的动力学交换速度越快。乌兰诺尔湿地表层沉积物 K_{-1} 值在 4.01×10^{-10}～$3\,386.54 \times 10^{-10}$ s^{-1}，平均值为 420.81×10^{-10} s^{-1}。乌兰诺尔湿地表层沉积物 K_{-1} 值的空间分布如图 5.10 所示，在湖泊东南湖区出水口附近的 K_{-1} 值显著高于中心湖区和西南湖区，说明该区域的磷在固液两相间的动力学交换速度较快。

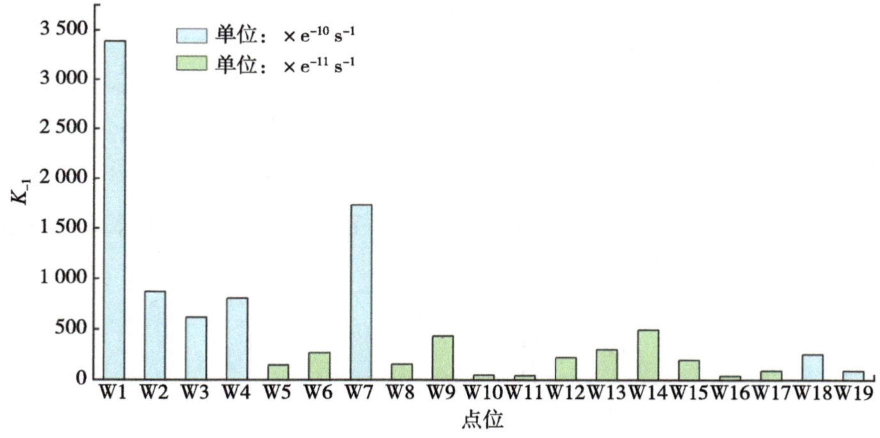

图 5.10 表层沉积物对磷的解吸系数（K_{-1}）空间分布

DIFS 模型参数 K_d、R、T_c、K_{-1} 可以反映磷在固 / 液界面间的有效态容量、再补给能力、动力学特征及释放风险。根据上述分析可知，中心湖区部分点位的 K_d 和 R 值相对较大，说明其生物有效态磷储量和再补给能力较大，但是 T_c 值大，K_{-1} 值较小，说明磷在固 / 液界面间的动力学速度较慢。相较而言，在湖泊出水口附近点位的 K_d 和 R 值虽然不及中心湖区点位大，但是处于湖泊中等水平，且具有最小的 T_c 值和最大的 K_{-1} 值，说明磷在固 / 液界面间的动力学速度相对较快；西南湖区点位的 T_c 值也较小，该点位的 K_{-1} 值小于出水口，但大于中心湖区。因此，总体预估乌兰诺尔湿地出水口附近磷的释放风险相对最高，其次是西南湖区和中心湖区。

5.2 沉积物－水界面氮的迁移转化特征及释放风险评估

5.2.1 沉积物氮的静态释放特征

经过 13 d 静态释放培养发现，上覆水中 TN 和 NH_4^+-N 浓度均呈增加趋势，而 NO_3^--N 浓度整体呈下降趋势（图 5.11）。

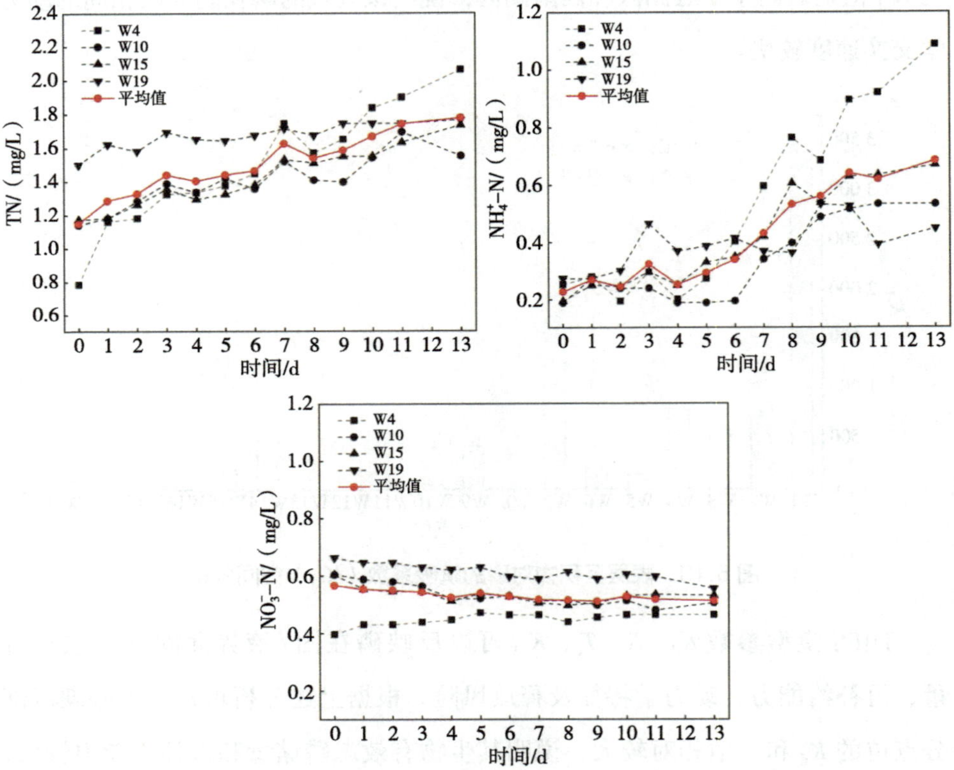

图 5.11　沉积物静态释放过程上覆水氮浓度随时间变化

点位 W4、W10、W15、W19 上覆水中 TN 浓度分别从初始（0 d）的 0.78 mg/L、1.14 mg/L、1.17 mg/L 和 1.50 mg/L 上升到实验结束（13 d）时的 2.06 mg/L、1.55 mg/L、1.74 mg/L 和 1.77 mg/L，释放速率分别为 32.38 mg/（m^2 · d）、13.01 mg/（m^2 · d）、13.84 mg/（m^2 · d）和 6.92 mg/（m^2 · d），各点位 TN 释放速率大小表现为 W4＞W15＞W10＞W19，平均释放速率为

16.54 mg/（m^2·d）。

点位 W4、W10、W15、W19 上覆水中 NH_4^+-N 浓度分别从初始（0 d）的 0.25 mg/L、0.19 mg/L、0.20 mg/L 和 0.27 mg/L 上升到实验结束（13 d）时的 1.09 mg/L、0.53 mg/L、0.67 mg/L 和 0.45 mg/L，释放速率分别为 20.32 mg/（m^2·d）、9.33 mg/（m^2·d）、12.37 mg/（m^2·d）和 3.97 mg/（m^2·d），平均释放速率为 11.50 mg/（m^2·d）。

在静态释放实验过程中，只有 W4 上覆水中 NO_3^--N 浓度呈上升趋势，NO_3^--N 浓度从初始（0 d）的 0.40 mg/L 上升到实验结束（13 d）时的 0.46 mg/L，释放速率为 1.79 mg/（m^2·d）。W10、W15 和 W19 上覆水中 NO_3^--N 浓度均呈波动下降趋势，分别由初始（0 d）的 0.60 mg/L、0.60 mg/L 和 0.66 mg/L 下降到实验结束（13 d）时的 0.51 mg/L、0.53 mg/L 和 0.56 mg/L，释放速率分别为 −3.02 mg/（m^2·d）、−1.95 mg/（m^2·d）和 −2.35 mg/（m^2·d）。本次调查乌兰诺尔湿地沉积物 NO_3^--N 的平均释放速率为 −1.38 mg/（m^2·d）。

乌兰诺尔湿地沉积物 NH_4^+-N 释放速率为正，说明沉积物向上覆水释放 NH_4^+-N；大部分点位 NO_3^--N 释放速率为负，说明在大部分区域沉积物可能吸附上覆水中的 NO_3^--N。但是，本研究的 4 个点位沉积物 TN 的释放速率均为正，说明从整体来看乌兰诺尔湿地沉积物充当氮源的角色，向上覆水释放氮，导致上覆水中 TN 浓度上升，进而影响湖泊水质。

5.2.2 沉积物氮的等温吸附特征

采用修正后的 Langmuir 等温吸附模型和 Freundlich 等温吸附模型研究乌兰诺尔湿地沉积物对 NH_4^+-N 的吸附等温特征，结果如图 5.12 和表 5.4 所示。由图 5.12 可见，修正后的 Langmuir 等温吸附模型（R^2 为 0.934 3～0.987 1）比修正后的 Freundlich 等温吸附模型（R^2 为 0.905 1～0.975 9）能更好地描述乌兰诺尔湿地沉积物对 NH_4^+-N 的吸附等温线。

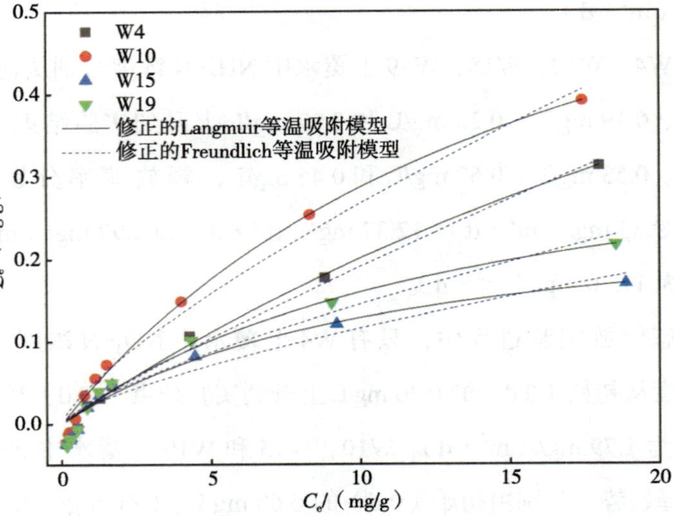

图 5.12　乌兰诺尔湿地沉积物对氨氮的吸附热力学曲线

如表 5.4 所示，乌兰诺尔湿地沉积物样品 NH_4^+-N 最大吸附量（Q_{max}）与亲和力常数（K）分别在 0.269～1.017 mg/g 和 0.025～0.093 L/mg，平均值分别为 0.608 mg/g 和 0.063 L/mg。各点位沉积物 NH_4^+-N 的 Q_{max} 值由小到大排序为 W15＜W19＜W10＜W4，乌兰诺尔湿地湖区东北部和湖区中部 NH_4^+-N 吸附能力高于湖区西南部。

表 5.4　乌兰诺尔湿地沉积物氨氮吸附热力学模型拟合参数

采样点位	修正后的 Langmuir 等温吸附模型			修正后的 Freundlich 等温吸附模型		
	Q_{max}/（mg/g）	K/（L/mg）	R^2	K_F/（L/g）	n	R^2
W4	1.017 ± 0.435	0.025 ± 0.014	0.978 2	0.026 ± 0.006	0.871 ± 0.086	0.973 6
W10	0.769 ± 0.119	0.060 ± 0.016	0.987 1	0.048 ± 0.008	0.748 ± 0.065	0.975 9
W15	0.269 ± 0.068	0.093 ± 0.047	0.934 3	0.023 ± 0.008	0.698 ± 0.126	0.905 1
W19	0.378 ± 0.099	0.074 ± 0.036	0.949 1	0.027 ± 0.008	0.735 ± 0.116	0.926 5

5.2.3　沉积物氨氮的吸附动力学特征

乌兰诺尔湿地表层沉积物氨氮的吸附动力学特征如图 5.13 所示，Elovich

吸附动力学模型能够很好地描述乌兰诺尔湿地表层沉积物氨氮的吸附动力学特征（R^2=0.973 2～0.993 7）。

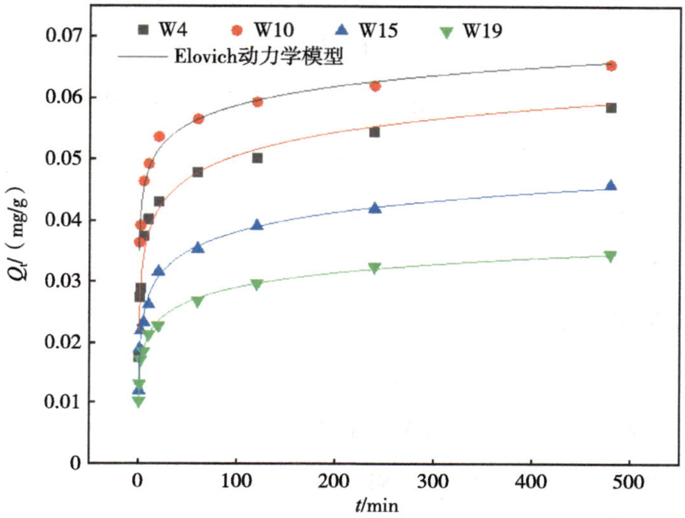

图 5.13　乌兰诺尔湿地沉积物对氨氮的吸附动力学曲线

乌兰诺尔湿地表层沉积物氨氮 Elovich 吸附动力学模型拟合参数如表 5.5 所示，初始吸附速率 α 在 0.16～22.61 mg/（g·min），β 在 184.52～289.33 g/mg。与沉积物磷吸附动力学特征相似，位于湖心区 W10 点的 α 也显著高于其他湖区点位，其次是北部湖区的 W4 点位；而位于西南湖区的 W19 点位 α 最小，且 β 最大。实验结果表明，中心湖区和北部湖区的沉积物氮吸附能力高于西南湖区。

表 5.5　乌兰诺尔湿地沉积物氨氮吸附动力学模型拟合参数

采样点位	α/［mg/（g·min）］	β/（g/mg）	R^2
W4	0.62 ± 0.25	184.52 ± 10.88	0.973 2
W10	22.61 ± 10.46	223.43 ± 9.85	0.984 8
W15	0.18 ± 0.05	217.20 ± 9.11	0.986 3
W19	0.16 ± 0.03	289.33 ± 8.18	0.993 7

5.2.4 沉积物氮的释放风险评估

沉积物在整个湖泊系统中，对氮素起到“汇”和“源”的作用：当上覆水中的NH_4^+-N和NO_3^--N浓度高于沉积物间隙水中的浓度时，沉积物会从上覆水中吸附相应的无机氮，从而发挥其“汇”的作用；相反，一旦沉积物中富集和矿化后的无机氮进入到间隙水中，使得间隙水中无机氮浓度高于上覆水时，此时的沉积物就可以对上覆水起到“源”的作用。

5.2.4.1 沉积物氨氮的释放风险评估

乌兰诺尔湿地表层沉积物和间隙水中NH_4^+-N浓度的对比如图5.14所示，可以明显看出，除了点位W16表层沉积物间隙水中NH_4^+-N浓度略低于上覆水外，其他点位表层沉积物间隙水中NH_4^+-N浓度均高于上覆水中NH_4^+-N的浓度，间隙水中NH_4^+-N浓度是上覆水中NH_4^+-N浓度的0.8（W16）～9.4（W12）倍，平均为4.3倍。可见，表层沉积物间隙水和上覆水中NH_4^+-N浓度存在明显的差异，间隙水中NH_4^+-N有向上覆水释放的风险。

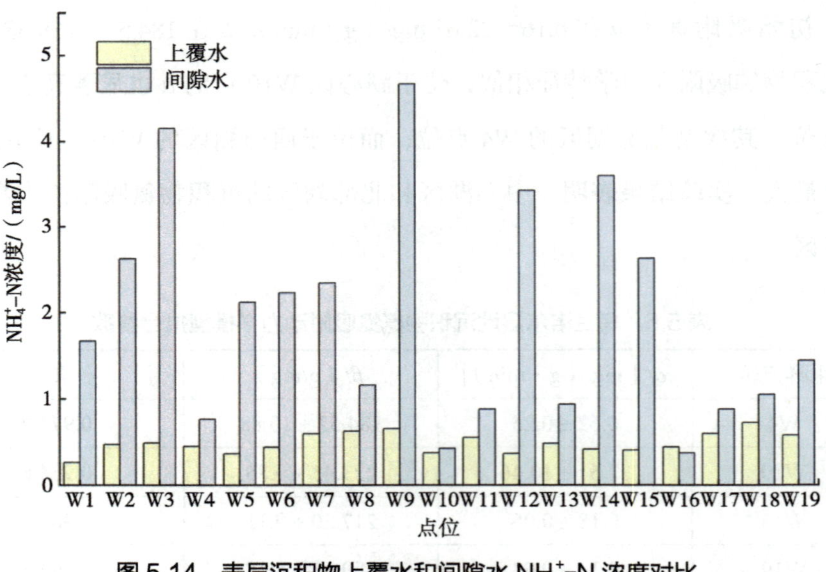

图5.14 表层沉积物上覆水和间隙水NH_4^+-N浓度对比

进一步地，采用高分辨孔隙水采样技术（HR-Peeper）对点位 W4、W10、W15 和 W19 沉积物间隙水中 NH_4^+-N 浓度（$C_{Peeper-NH_4^+}$）垂直分布特征进行调查，可以直观地看出沉积物间隙水和上覆水中 NH_4^+-N 的分布，结果如图 5.15 所示。点位 W4、W10 和 W15 柱状沉积物泥－水界面以上 2 cm 上覆水中 $C_{Peeper-NH_4^+}$ 值由上至下呈降低趋势；泥－水界面以下沉积物中 $C_{Peeper-NH_4^+}$ 值由上向下呈先增大后减小的波动变化趋势，并且不同点位在不同深度出现多个峰值。可以看出，在乌兰诺尔湿地表层沉积物泥－水界面处，各点位沉积物间隙水中 $C_{Peeper-NH_4^+}$ 的值均高于上覆水中 $C_{Peeper-NH_4^+}$ 的值，氨氮存在释放风险。

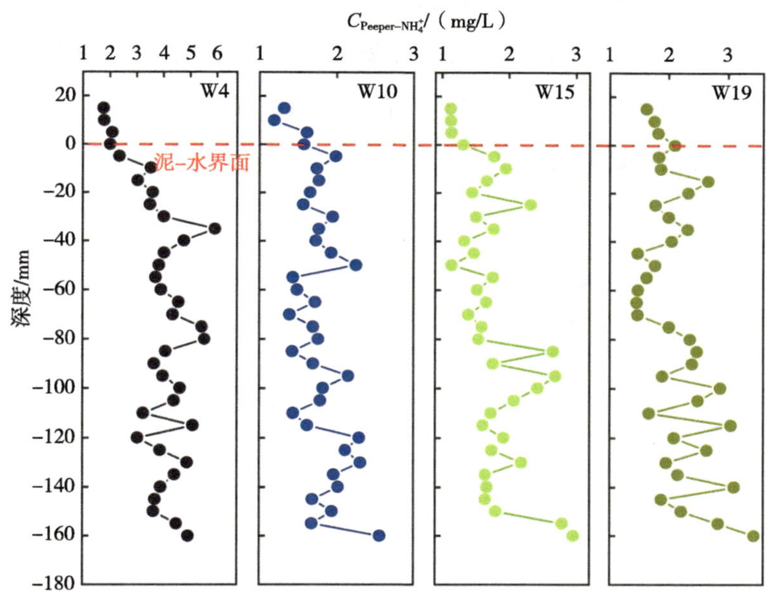

图 5.15　沉积物间隙水中氨氮（$C_{Peeper-NH_4^+}$）垂直分布特征

另外，通过沉积物氨氮 ENC_0 与间隙水或上覆水中 NH_4^+-N 浓度的对比，也可以解析沉积物氨氮的释放风险。氮在湖泊水环境液相和固相之间的迁移转化最终会达到动态平衡，沉积物在吸附氮的同时也往往伴随氮的释放，达到动态平衡时，水体中氮的浓度称为 ENC_0。当沉积物中 ENC_0 大于间隙水中 NH_4^+-N 的浓度时，沉积物对外释放氨氮，表现为氮源；当 ENC_0 小于间隙

水中 NH_4^+-N 的浓度时，沉积物会吸附氨氮，充当氮汇。乌兰诺尔湿地表层沉积物上覆水、间隙水中氨氮浓度与 ENC_0 的对比如图 5.16 所示，不同点位沉积物 ENC_0 均高于间隙水中 NH_4^+-N 的浓度，并且间隙水中 NH_4^+-N 的浓度高于上覆水中 NH_4^+-N 的浓度。同时，沉积物静态释放结果表明，点位 W4、W10、W15 和 W19 的氨氮平均释放速率分别为 20.32 mg/（m^2·d）、9.33 mg/（m^2·d）、12.37 mg/（m^2·d）和 3.97 mg/（m^2·d），均为正值，乌兰诺尔湿地沉积物氨氮平均释放速率为 11.50 mg/（m^2·d）。综合各项调查结果可知，乌兰诺尔湿地沉积物氨氮存在释放的风险，并且不同区域氨氮释放风险有所差异，这主要是由水环境条件和沉积物性质等因素决定的，点位 W4 处氨氮的释放速率最大，一方面可能是 ENC_0 和间隙水中氨氮浓度差较大，另一方面，由于 W4 距离湿地入水口和出水口相对较近，在水力扰动条件下容易形成沉积物再悬浮，有利于沉积物氨氮的释放。

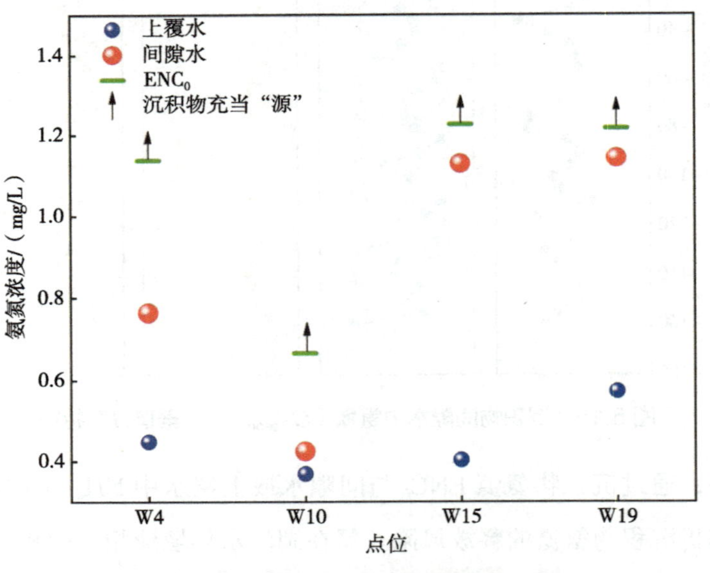

图 5.16 沉积物间隙水、上覆水氨氮浓度与 ENC_0 对比

5.2.4.2 沉积物硝氮的释放风险评估

乌兰诺尔湿地上覆水和表层沉积物间隙水中 NO_3^--N 浓度的对比如图 5.17

所示，部分点位间隙水中 NO_3^--N 浓度高于上覆水中 NO_3^--N 浓度，部分点位则低于上覆水中 NO_3^--N 浓度。从整体来看，间隙水中 NO_3^--N 浓度是上覆水中 NO_3^--N 浓度的 0.3～5.4 倍，平均为 1.3 倍，表层沉积物存在释放 NO_3^--N 的潜在风险，并且湖区东北部 NO_3^--N 释放风险高于湖区中部和西南部。

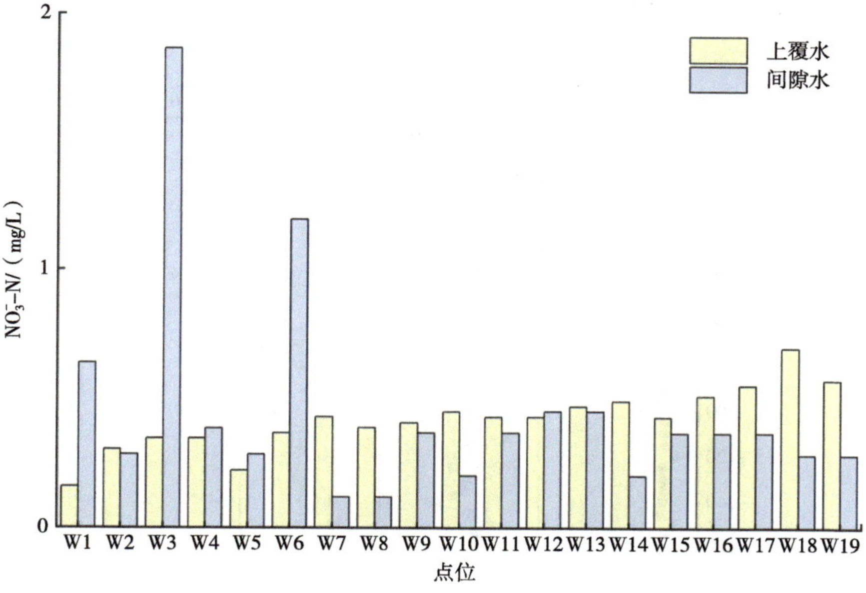

图 5.17　表层沉积物上覆水和间隙水 NO_3^--N 浓度对比

点位 W4、W10、W15 和 W19 柱状沉积物间隙水中 NO_3^--N 浓度（$C_{Peeper-NO_3^-}$）垂直分布特征如图 5.18 所示。与沉积物相比，上覆水中 $C_{Peeper-NO_3^-}$ 浓度垂向上整体变化较小，泥 - 水界面以下，$C_{Peeper-NO_3^-}$ 浓度整体呈先上升后下降的波动变化趋势，并在沉积物的不同深度出现多个峰值。可以看出，在泥 - 水界面以下 0～40 mm 区域，点位 W4 沉积物 $C_{Peeper-NO_3^-}$ 的平均浓度高于上覆水 $C_{Peeper-NO_3^-}$ 的平均浓度，存在由沉积物向上覆水的正浓度差；而点位 W10、W15 和 W19 沉积物 $C_{Peeper-NO_3^-}$ 的浓度均低于上覆水，存在由沉积物向上覆水的负浓度差。可以推断，点位 W4 沉积物存在向上覆水释放硝氮的潜在风险，而点位 W10、W15 和 W19 情况相反，这与沉积物硝氮静态释放的结果相吻合。沉积物硝氮静态释放结果表明，点位 W4 沉积物硝氮平均释放速率为 1.79 mg/（m^2·d），而点位 W10、W15 和 W19 释放速率分别为 -3.02 mg/（m^2·d）、-1.95 mg/（m^2·d）和 -2.35 mg/（m^2·d），结果均为负值。结合其他点位上覆水和表层沉积物间隙水中硝氮浓度对比结果，推断乌兰诺尔湿地表层沉积物硝氮释放的潜在风险相对较小，沉积物主要充当硝氮的"汇"。

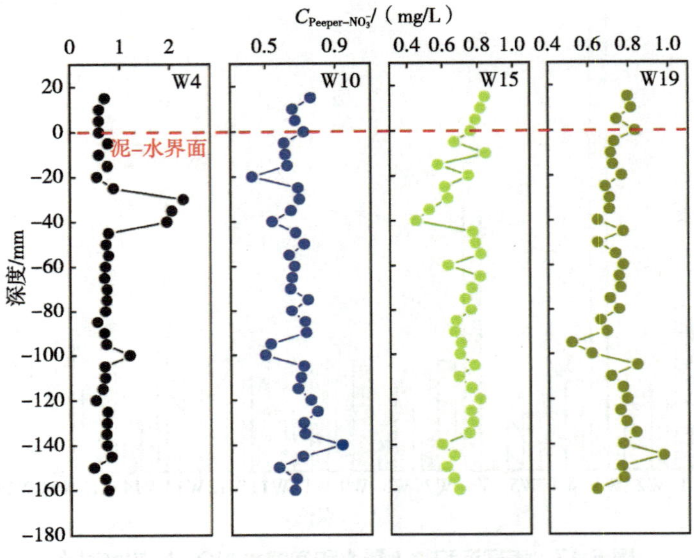

图 5.18 沉积物间隙水氨氮（$C_{Peeper-NO_3^-}$）垂直分布特征

5.3 小结

通过开展沉积物氮、磷室内静态释放实验、等温吸附实验和吸附动力学实验，探究了乌兰诺尔湿地沉积物 - 水界面氮、磷的迁移转化特征及释放风险，得到的主要结论如下：

（1）沉积物氮、磷静态释放实验结果表明，在实验过程中，上覆水中 TP、IP、TN 和 NH_4^+-N 浓度整体呈波动上升趋势，各点位 TP、IP、TN 和

NH_4^+-N 释放速率均为正，说明沉积物充当氮源和磷源，向上覆水释放氮、磷，导致上覆水中磷浓度上升，影响湖泊水质。

（2）沉积物氮、磷等温吸附实验结果表明，修正后的 Langmuir 等温吸附模型比 Freundlich 等温吸附模型更能准确地描述乌兰诺尔湿地沉积物对氮、磷的吸附等温线。沉积物样品磷最大吸附量（Q_{max}）与亲和力常数（K）空间分布存在差异，表明湖区东北部和中部沉积物氮和磷的吸附能力高于湖区西南部，这与沉积物粒径、有机质含量密切相关，沉积物粒径越小、有机质含量越高，越有利于吸附氮和磷。

（3）沉积物氮、磷吸附动力学实验结果表明，Elovich 吸附动力学模型能很好地描述乌兰诺尔湿地表层沉积物氮、磷吸附动力学特征。沉积物对磷和氮的平衡吸附量 Q_e 分别在 0.045 7～0.118 0 mg/g 和 0.013 2～0.038 2 mg/g，其中中心湖区和湖区东北部 Q_e 值相对较大，表现出相对较强的氮、磷吸附能力。

（4）沉积物磷释放风险综合评估结果表明，表层沉积物间隙水中 IP 浓度显著高于上覆水，存在浓度差。HR-Peeper 调查结果也表明，泥－水界面处存在 IP 浓度差，沉积物间隙水中的 IP 会向上覆水释放。此外，沉积物 EPC_0 高于间隙水中无机磷浓度，且静态释放结果表明 IP 和 TP 平均释放速率均为正值，进一步证实沉积物存在释放磷的风险，不同区域磷释放风险存在差异，主要受水环境条件和沉积物性质等因素影响。沉积物磷释放风险指数（ERI）评估结果表明，表层沉积物具有高度的磷释放风险。

（5）沉积物氮释放风险综合评估结果表明，调查的大部分点位表层沉积物间隙水中 NH_4^+-N 浓度高于上覆水，存在浓度差。HR-Peeper 调查结果也表明泥－水界面处存在 NH_4^+-N 浓度差，因此沉积物 NH_4^+-N 存在释放风险。沉积物 ENC_0 高于间隙水中 NH_4^+-N 浓度，且静态释放结果表明 NH_4^+-N 平均释放速率为正，进一步证实沉积物 NH_4^+-N 存在释放风险，不同区域氨氮释放风险存在差异，主要受水环境条件和沉积物性质等因素影响。

第6章
结论与展望

CHAPTER 6

6.1 主要研究结论

本研究以典型寒旱区——内蒙古自治区呼伦湖流域的乌兰诺尔湿地为研究对象，通过将野外现场原位调查和室内模拟相结合，重点采用薄膜扩散梯度（DGT）技术和高分辨孔隙水采样装置（HR-Peeper）原位提取技术等多种技术手段，结合化学连续提取与多元化统计分析方法，对研究区沉积物－水界面碳、氮、磷的时空分布特征、组分构成特征和生物有效性进行了详细调查，通过进一步开展沉积物氮、磷静态释放实验、吸附等温实验和吸附动力学实验，深入探究了沉积物氮、磷的吸附－解吸特征，并结合多参数数据综合评估了沉积物氮、磷的释放风险，得到的主要结论如下：

（1）2018—2022 年，乌兰诺尔湿地上覆水 TP 和 TN 浓度整体呈下降的变化趋势，但是 2022 年 TN 和 TP 的浓度整体仍然处于Ⅴ类水平。

（2）乌兰诺尔湿地上覆水 TP 和 TN 浓度季节分布特征表现为：5 月＞11 月＞8 月，空间分布特征整体呈由东北部向西南部递增，高值区主要分布在湖区西南部。

（3）5 月和 11 月，上覆水中磷以 PP 为主要组分，8 月，上覆水中 TP 主要以溶解态形式存在，DTP 以 DOP 为主要组分，平均占比为 64.2%。上覆水中氮以溶解态氮为主要组分，5 月、8 月、11 月 DTN 占 TN 的相对比例平均值分别为 76.4%、89.2% 和 91.2%，并分别以 NH_4^+-N、DON 和 NO_3^--N 为主。

（4）乌兰诺尔湿地上覆水中 DOC 的浓度在 9.44～25.44 mg/L，空间分布特征为由东北向西南呈现增加趋势；CDOM 的浓度在 37.84～92.64 m^{-1}，空间分布特征与 DOC 相似。上覆水中 CDOM 主要由 3 种荧光组分构成：类腐殖质组分 C1（*E*x：238 nm/296 nm，*E*m：424 nm）、生物作用产生的类腐殖质和类色氨酸物质的混合物组分 C2（*E*x：218 nm/274 nm，*E*m：398 nm）、类腐殖酸组分 C3（*E*x：268 nm，*E*m：464 nm）。组分 C1、C2、C3 的荧光强度分别在 465～996 a.u.、309～929 a.u. 和 305～730 a.u.，平均占总荧光强度的比例分别为 39.13%、34.24% 和 26.63%。湿地上覆水 DOM 受自生源和外源的共同影响，但主要受自生源的影响。结合 DOM 的荧光组分特征和荧光光谱特性可以看出，乌兰诺尔湿地上覆水的腐殖化程度较强，生物有效性较低。

（5）乌兰诺尔湿地表层沉积物 TP、TN 和 TOC 的含量分别在 336.2～752.1 mg/kg、615.0～2 395.6 mg/kg 和 20.31～44.51 g/kg。受温度及植物生长的影响，表层沉积物 TP 和 TN 均表现出 11 月＞5 月＞8 月的季节变化趋势。沉积物 TP 和 TN 的高值区主要分布在湖区中部，在湖区西南部浓度较低，这主要与沉积物粒径和有机质分布有关，相关性分析结果表明，TP 和 TN 与沉积物中值粒径显著负相关，与有机质显著正相关（$P<0.01$）。在垂向上，TP、TN 和 TOC 的含量均呈先降低后趋于稳定的波动变化特征，表层沉积物存在碳、氮、磷累积效应。总体来看，乌兰诺尔湿地表层沉积物 TP 和 TN 含量均未达到沉积物质量评估标准规定的严重级别标准限值，处于安全级别和最低级别，有可能引起最低级别的生态毒性效应，但是大部分底栖生物能够忍受。

（6）乌兰诺尔湿地表层沉积物磷组分以残渣态磷为主，残渣态磷占 TP 的平均比例为 40.8%。有机磷占 TP 的平均比例为 93.1%，为 TP 的主要组分，并且有机磷中以非活性有机磷为主（平均占比为 46.5%）。表层沉积物氮以酸解态氮为主，占沉积物 TN 的平均比例为 64.7%。沉积物有机质不同化学组分的含量及占 TOC 的相对比例均表现为 HM＞FA＞HA＞WEOM，HM 为表层沉积物中有机质的绝对优势组分，占 TOC 的平均比例为 94.7%。

（7）乌兰诺尔湿地沉积物氮、磷吸附特征符合修正后的 Langmuir 等温吸附模型，根据模型拟合参数分析可知，乌兰诺尔湿地东北部和中部沉积物磷与 NH_4^+-N 吸附能力整体高于西南部沉积物。并且，不同点位沉积物氮、磷的吸附－解吸平衡浓度均高于间隙水中 IP 和 NH_4^+-N 的浓度，表明沉积物存在释放氮、磷的潜在风险。同时，静态释放实验结果表明，沉积物 TP、IP 释放速率均为正，说明存在沉积物向上覆水的释磷行为，沉积物充当磷源的角色；沉积物 NH_4^+-N 释放速率为正，大部分点位 NO_3^--N 释放速率为负，TN 的释放速率均为正，沉积物整体充当氮源。

6.2 未来研究展望

本书将野外调查和室内模拟实验相结合，联合利用化学连续提取法、DGT 技术、HR-Peeper 技术等多种方法对内蒙古呼伦湖流域的乌兰诺尔湿地沉积物 - 水界面的氮、磷的赋存特征、沉积物氮、磷的潜在释放风险及机理进行了研究，研究结果可以为寒旱区湖泊富营养化防治和水环境治理提供数据支持和理论依据。但是，由于寒旱区湖泊地理位置、区域气候条件、湖泊特征等的特殊性，其湖泊营养盐在多介质间的跨界面迁移转化及环境效应与温暖水域湖泊有极大不同。本研究仍存在不足和局限，建议今后在以下方面进行更为深入的研究：

（1）本研究仅对湖泊内的氮、磷赋存特征及其在沉积物 - 水界面的迁移转化特征进行了研究，未来可以补充湖泊外源氮、磷（如入湖河流、流域土壤等）赋存特征、来源、对湖泊营养盐贡献等研究内容，以便全面了解湖泊内不同来源的氮、磷特征，评估内源和外源氮、磷对湖泊水环境的综合影响，并制定全面的、有针对性的湖泊水环境和生态保护策略。

（2）冰封期长是寒旱区湖泊区别于温暖水域湖泊的一大显著特点，本次仅在非冰封期（5 月、8 月、11 月）开展了相关研究，冰封期间磷赋存特征和跨界面迁移转化也是影响非冰封期湖泊水质的重要影响因子。未来可以进一步对冰封期寒旱区湖泊氮、磷在冰、水、沉积物中的赋存特征，及其在冰 - 水 - 沉积物界面间的跨界面迁移转化过程及机制进行更深入的研究。

（3）在文献调研和实地考察时发现，寒旱区湖泊普遍存在水体有机质含量较高的特征。有机质不仅是水生生物重要的生源要素之一，同时对湖泊内污染物（氮、磷、重金属、有机物）的环境行为具有重要影响。因此，未来可以加深对寒旱区湖泊有机质赋存特征、迁移转化及其对湖泊污染物环境行为的影响和相关机制的研究。

参考文献

[1] VINCON-LEITE B, CASENAVE C. Modelling eutrophication in lake ecosystems: A review[J]. Science of the Total Environment, 2019, 651: 2985-3001.

[2] BHAGOWATI B, AHAMAD K U. A review on lake eutrophication dynamics and recent developments in lake modeling[J]. Ecohydrology & Hydrobiology, 2019, 19: 155-166.

[3] 范元元，李兴，春喜．乌梁素海水体富营养化研究进展 [J]. 环境保护科学，2018，44（4）：83-88.

[4] WANG R, MA Y, ZHAO G, et al. Investigating water quality sensitivity to climate variability and its influencing factors in four Lake Erie watersheds[J]. Journal of Environmental Management, 2023, 325: 116449.

[5] ZHANG F, XUE B, YAO S, et al. Organic carbon burial from multi-core records in Hulun Lake, the largest lake in northern China[J]. Quaternary International, 2018, 475: 80-90.

[6] 全栋，张生，史小红，等．环境因子对乌梁素海水体营养状态的影响：基于2013—2018 年监测数据的分析 [J]. 湖泊科学，2020，32（6）：1610-1619.

[7] LI Y, LI X H, HUANG G X, et al. Sedimentary organic carbon and nutrient distributions in an endorheic lake in semiarid area of the Mongolian Plateau[J]. Journal of Environmental Management, 2021, 296: 113184.

[8] HAN F, LIU T, HUANG Y, et al. Response of water quality to climate warming and atmospheric deposition in an alpine lake of Tianshan Mountains, Central Asia[J]. Ecological Indicators, 2023, 147: 109949.

[9] LU X, LU Y, CHEN D, et al. Climate change induced eutrophication of cold-water lake in an ecologically fragile nature reserve[J]. Journal of Environmental Sciences, 2019, 75: 359-369.

[10] 全栋，史小红，赵胜男，等. 2006—2017 年乌梁素海夏季水体营养状态及影响因子 [J]. 湖泊科学，2019，31（5）：1259-1267.

[11] 杜丹丹，李畅游，史小红，等. 乌梁素海水体营养状态季节性变化特征研究 [J]. 干旱区资源与环境，2019，33（12）：186-192.

[12] CHEN X F, CHUAI X M, YANG L Y, et al. Climatic warming and overgrazing induced the high concentration of organic matter in Lake Hulun, a large shallow eutrophic steppe lake in northern China[J]. Science of the Total Environment, 2012, 431: 332-338.

[13] ZHANG F J, XUE B, YAO S C, et al. Organic carbon burial from multi-core records in Hulun Lake, the largest lake in northern China[J]. Quaternary International, 2018, 475: 80-90.

[14] 吴丰昌，金相灿，张润宇，等. 论有机氮磷在湖泊水环境中的作用和重要性 [J]. 湖泊科学，2010，22（1）：1-7.

[15] WEI Z, YU Y X, YI Y J. Analysis of future nitrogen and phosphorus loading in watershed and the risk of lake blooms under the influence of complex factors: Implications for management[J]. Journal of Environmental Management, 2023, 345: 118662.

[16] DOMAGALSKI J L, MORWAY E, ALVAREZ N L, et al. Trends in nitrogen, phosphorus, and sediment concentrations and loads in streams draining to Lake Tahoe, California, Nevada, USA[J]. Science of the Total Environment, 2021, 752: 141815.

[17] RAO Y H, WANG Y, HUA Y M, et al. Short-term phosphorus transformation in shallow-lake sediments mediated by nitrogen and iron under anoxic

conditions[J]. International Journal of Sediment Research, 2023, 39: 266-275.

[18] ZOU T T, MENG F L, ZHOU J C, et al. Quantifying nitrogen and phosphorus losses from crop and livestock production and mitigation potentials in Erhai Lake Basin, China[J]. Agricultural Systems, 2023, 211: 103745.

[19] ZHANG X, LIN C Y, ZHOU X L, et al. Concentrations, fluxes, and potential sources of nitrogen and phosphorus species in atmospheric wet deposition of the Lake Qinghai Watershed, China[J]. Science of the Total Environment, 2019, 682: 523-531.

[20] SHEN Q K, DU X Y, KANG J H, et al. Atmospheric wet and dry phosphorus deposition in Lake Erhai, China[J]. Environmental Pollution, 2024, 355: 124200.

[21] TAMMEORG O, NÜRNBERG G K, NÕGES P, et al. The role of humic substances in sediment phosphorus release in northern lakes[J]. Science of the Total Environment, 2022, 833: 155257.

[22] SHOU C Y, YUE F J, ZHOU B, et al. Chronic increasing nitrogen and endogenous phosphorus release from sediment threaten to the water quality in a semi-humid region reservoir[J]. Science of the Total Environment, 2024, 931: 172924.

[23] LI H, SONG C L, CAO X Y, et al. The phosphorus release pathways and their mechanisms driven by organic carbon and nitrogen in sediments of eutrophic shallow lakes[J]. Science of the Total Environment, 2016, 572: 280-288.

[24] YUAN H Z, JIA B C, WU J, et al. How do inundation provoke the release of phosphorus in soil-originated sediment due to nitrogen reduction after reclaiming lake from polder[J]. Journal of Environmental Sciences, 2022,

118：147–157.

[25] BAI X L，DING S M，FAN C X，et al. Organic phosphorus species in surface sediments of a large，shallow，eutrophic lake，Lake Taihu，China[J]. Environmental Pollution，2009，157（8–9）：2507–2513.

[26] HUSER B J，PILGRIM K M. A simple model for predicting aluminum bound phosphorus formation and internal loading reduction in lakes after aluminum addition to lake sediment[J]. Water Research，2014，53：378–385.

[27] IVANOFF D B，REDDY K R，ROBINSON S. Chemical fractionation of organic phosphorus in selected histosols1[J]. Soil Science，1998，163（1）：36–45.

[28] CHOI H J，CHOI C H，LEE S M. Analyses of phosphorus in sewage by fraction method[J]. Journal of hazardous materials，2009，167（1–3）：345–350.

[29] LIU Q，LIU S L，ZHAO H D，et al. The phosphorus speciations in the sediments up– and down–stream of cascade dams along the middle Lancang River[J]. Chemosphere，2015，120：653–659.

[30] ZHU Z，WANG Z F，YU Y A，et al. Occurrence forms and environmental characteristics of phosphorus in water column and sediment of urban waterbodies replenished by reclaimed water[J]. Science of the Total Environment，2023，888：164069.

[31] PU J，WANG S R，FAN F Q，et al. Recognizing the variation of bioavailable organic phosphorus in sediment and its significance between high and low risk periods for algal blooms in Lake Erhai[J]. Water Research，2023，229：119514.

[32] NI Z K，WANG S R，WU Y，et al. Response of phosphorus fractionation in lake sediments to anthropogenic activities in China[J]. Science of the Total

Environment，2020，699：134242.

[33] PU J，NI Z K，WANG S R. Characteristics of bioavailable phosphorus in sediment and potential environmental risks in Poyang Lake：The largest freshwater lake in China[J]. Ecological Indicators，2020，115：106409.

[34] 赵宝刚，张夏彬，昝逢宇，等．不同湖泊表层沉积物氮形态的分布特征与影响因素 [J]. 中国环境科学，2021，41（2）：837–847.

[35] 杨文焕，张晓学，姚植，等．岱海沉积物营养盐时空分布特征及污染评价 [J]. 环境科学与技术，2022，45（9）：153–159.

[36] 刘欣月，李海波，刘胜山，等．大冶湖沉积物氮磷形态分布特征及生态风险评价 [J]. 环境科学学报，2024，44（6）：161–173.

[37] 谢政．成都市蒲江县占河底泥氮磷形态分布与吸附解吸特征研究 [D]. 成都：成都理工大学，2021.

[38] 吴丰昌，万国江，黄荣贵．湖泊沉积物 – 水界面营养元素的生物地球化学作用和环境效应Ⅰ．界面氮循环及其环境效应 [J]. 矿物学报，1996，16（4）：403–409.

[39] 马红波，宋金明，吕晓霞，等．渤海沉积物中氮的形态及其在循环中的作用 [J]. 地球化学，2003，32（1）：48–54.

[40] 钟立香，王书航，姜霞，等．连续分级提取法研究春季巢湖沉积物中不同结合态氮的赋存特征 [J]. 农业环境科学学报，2009，28（10）：2132–2137.

[41] BRATKIČ A，KLUN K，GAO Y. Mercury speciation in various aquatic systems using passive sampling technique of diffusive gradients in thin-film[J]. Science of the Total Environment，2019，663：297–306.

[42] BARHOUMI B，BELDEAN-GALEA M S，Al-RAWABDEH A，et al. Occurrence，distribution and ecological risk of trace metals and organic pollutants in surface sediments from a Southeastern European river（Somesu Mic River，Romania）[J]. Science of the Total Environment，2019，660：

660-676.

[43] 陈京，吉力力·阿不都外力，马龙．赛里木湖沉积物有机质变化特征及其环境信息 [J]. 冰川冻土，2016，38（3）：761-768.

[44] VERDUGO P，ALLDREDGE A L，AZAM F，et al. The oceanic gel phase：a bridge in the DOM-POM continuum[J]. Marine Chemistry，2004，92（1）：67-85.

[45] JIANG T，BRAVO A G，SKYLLBERG U，et al. Influence of dissolved organic matter（DOM）characteristics on dissolved mercury（Hg）species composition in sediment porewater of lakes from southwest China[J]. Water Research，2018，146：146-158.

[46] 陈同斌，陈志军．土壤中溶解性有机质及其对污染物吸附和解吸行为的影响 [J]. 植物营养与肥料学报，1998，4（3）：201-210.

[47] 吴丰昌，王立英，黎文，等．天然有机质及其在地表环境中的重要性 [J]. 湖泊科学，2008，20（1）：1-12.

[48] LV W W，YAO X，SHAO K Q，et al. Unraveling the sources and fluorescence compositions of dissolved and particulate organic matter（DOM and POM）in Lake Taihu，China[J]. Environmental Science and Pollution Research，2019，26（4）：4027-4040.

[49] LEE M H，OSBURN C L，SHIN K H，et al. New insight into the applicability of spectroscopic indices for dissolved organic matter（DOM）source discrimination in aquatic systems affected by biogeochemical processes[J]. Water Research，2018，147：164-176.

[50] 汪玲玲．三维荧光光谱技术在溶解性有机物研究中的应用 [J]. 环境科学与管理，2015，40（1）：153-155.

[51] HUGUET A，VACHER L，RELEXANS S，et al. Properties of fluorescent dissolved organic matter in the Gironde Estuary[J]. Organic Geochemistry，

2009, 40（6）: 706–719.

[52] BATTIN T J. Dissolved organic matter and its optical properties in a blackwater tributary of the upper Orinoco river, Venezuela[J]. Organic Geochemistry, 1998, 28（9–10）: 561–569.

[53] MCKNIGHT D M, BOYER E W, WESTERHOFF P K, et al. Spectrofluorometric characterization of dissolved organic matter for indication of precursor organic material and aromaticity[J]. Limnology and Oceanography, 2001, 46（1）: 38–48.

[54] 孟妍，梅凡民，付冉，等 . 湖泊沉积物溶解性有机质的特征及其环境意义 [J]. 现代化工，2011，31（S2）：10–12，14.

[55] 王圣瑞，金相灿，赵海超，等 . 湖泊沉积物中水溶性有机质对吸附磷的影响 [J]. 土壤学报，2005，42（5）：805–811.

[56] GÖRS S, RENTSCH D, SCHIEWER U, et al. Dissolved organic matter along the eutrophication gradient of the Darβ–Zingst Bodden Chain, Southern Baltic Sea: Ⅰ. Chemical characterisation and composition[J]. Marine Chemistry, 2007, 104（3–4）: 125–142.

[57] WANG S, JIAO L, YANG S, et al. Organic matter compositions and DOM release from the sediments of the shallow lakes in the middle and lower reaches of Yangtze River region, China[J]. Applied geochemistry, 2011, 26（8）: 1458–1463.

[58] APARICIO F L, NIETO–CID M, BORRULL E, et al. Eutrophication and acidification: Do they induce changes in the dissolved organic matter dynamics in the coastal Mediterranean Sea[J]. Science of the Total Environment, 2016, 563: 179–189.

[59] JIANG T, CHEN X, WANG D, et al. Dynamics of dissolved organic matter（DOM）in a typical inland lake of the Three Gorges Reservoir area:

fluorescent properties and their implications for dissolved mercury species[J]. Journal of Environmental Management, 2018, 206: 418-429.

[60] BRAVO A G, KOTHAWALA D N, ATTERMEYER K, et al. The interplay between total mercury, methylmercury and dissolved organic matter in fluvial systems: A latitudinal study across Europe[J]. Water Research, 2018, 144: 172-182.

[61] ZHANG Y, YANG R, WANG S, et al. Influence of humic substances on the toxic effects of cadmium and SDBS to the green alga Scenedesmus obliquus[J]. Environmental Toxicology and Pharmacology, 2019, 68: 94-100.

[62] OSBURN C L, STEDMON C A. Linking the chemical and optical properties of dissolved organic matter in the Baltic-North Sea transition zone to differentiate three allochthonous inputs[J]. Marine Chemistry, 2011, 126 (1-4): 281-294.

[63] GRIFFIN C G, FINLAY J C, BREZONIK P L, et al. Limitations on using CDOM as a proxy for DOC in temperate lakes[J]. Water Research, 2018, 144: 719-727.

[64] COBLE P G. Characterization of marine and terrestrial DOM in seawater using excitation-emission matrix spectroscopy[J]. Marine Chemistry, 1996, 51 (4): 325-346.

[65] ZSOLNAY A, BAIGAR E, JIMENEZ M, et al. Differentiating with fluorescence spectroscopy the sources of dissolved organic matter in soils subjected to drying[J]. Chemosphere, 1999, 38 (1): 45-50.

[66] STEDMON C A, MARKAGER S, BRO R. Tracing dissolved organic matter in aquatic environments using a new approach to fluorescence spectroscopy[J]. Marine Chemistry, 2003, 82 (3-4): 239-254.

[67] 周起超，张运林，周永强，等. 抚仙湖秋、冬季光衰减特征及其与有色可

溶性有机物的关系 [J]. 湖泊科学，2016，28（6）：1316-1327.

[68] 张柳青，彭凯，周蕾，等 . 南水北调东线中游枢纽湖泊有色可溶性有机物来源组成特征 [J]. 环境科学，2019，40（7）：3018-3029.

[69] 王青，潘继征，吴晓东，等 . 太湖流域湖荡湿地有色溶解有机物特征分布与来源解析 [J]. 江苏农业科学，2018，46（21）：279-285.

[70] 宋玲玲，仇雁翎，张洪恩，等 . 淀山湖有色可溶性有机物的光谱吸收特性 [J]. 湖泊科学，2007，19（3）：250-254.

[71] 牛城，张运林，朱广伟，等 . 天目湖流域 DOM 和 CDOM 光学特性的对比 [J]. 环境科学研究，2014，27（9）：998-1007.

[72] 刘丽贞，黄琪，吴永明，等 . 鄱阳湖 CDOM 三维荧光光谱的平行因子分析 [J]. 中国环境科学，2018，38（1）：293-302.

[73] 刘剑，李俊生，申茜，等 . 昆明湖水体悬浮颗粒物与有色可溶性有机物光谱吸收特性研究 [J]. 环境科学学报，2015，35（4）：1089-1096.

[74] 李思佳，宋开山，陈智文，等 . 兴凯湖春季水体悬浮颗粒物和 CDOM 吸收特性 [J]. 湖泊科学，2015，27（5）：941-952.

[75] 傅平青，刘丛强，吴丰昌，等 . 洱海沉积物孔隙水中溶解有机质的三维荧光光谱特征 [J]. 第四纪研究，2004（6）：695-700.

[76] 张运林，张恩楼，刘明亮 . 云南高原湖泊有色可溶性有机物和颗粒物光谱吸收特性 [J]. 湖泊科学，2009，21（2）：255-263.

[77] 周永强，张运林，牛城，等 . 基于 EEMs 及 PARAFAC 的洪湖、东湖与梁子湖 CDOM 组成特征分析 [J]. 光谱学与光谱分析，2013，33（12）：3286-3292.

[78] 施坤，李云梅，王桥，等 . 太湖、巢湖水体 CDOM 吸收特性和组成的异同 [J]. 环境科学，2010，31（5）：1183-1191.

[79] 傅平青，吴丰昌，刘丛强，等 . 高原湖泊溶解有机质的三维荧光光谱特性初步研究 [J]. 海洋与湖沼，2007，36（6）：512-520.

[80] ZHAO Y，SONG K，WEN Z，et al. Evaluation of CDOM sources and their links with water quality in the lakes of Northeast China using fluorescence spectroscopy[J]. Journal of Hydrology，2017，550：80-91.

[81] ZHANG Y L，ZHOU Y Q，SHI K，et al. Optical properties and composition changes in chromophoric dissolved organic matter along trophic gradients：Implications for monitoring and assessing lake eutrophication[J]. Water Research，2018，131：255-263.

[82] 姚莉．湖泊氮循环研究进展 [J]. 广东化工，2020，47（10）：100，112-113.

[83] 祝贵兵．陆地和淡水生态系统新型微生物氮循环研究进展 [J]. 微生物学报，2020，60（9）：1972-1984.

[84] 王丽敏，尚士友，吴利斌，等．草型湖泊（乌梁素海）氮循环转化规律的研究 [J]. 环境科学动态，2004（1）：16-18.

[85] 吴芸．平原河网区浅水湖泊氮污染特征研究 [D]. 南京：河海大学，2007.

[86] LAM P，LAVIK G，JENSEN M M，et al. Revising the nitrogen cycle in the Peruvian oxygen minimum zone[J]. Proceedings of the National Academy of Sciences，2009，106（12）：4752-4757.

[87] 李凤霞，王长军．土壤氮素转化及相关微生物过程研究 [J]. 宁夏农林科技，2018，59（4）：37-40.

[88] 王红，阮爱东，徐洁．太湖氨化功能菌群的分布及其有机氮降解条件 [J]. 河南科学，2019，37（3）：439-446.

[89] YE J L，ZHAO S C，REN J M，et al. Higher contribution by comammox bacteria than AOA and AOB to nitrification in the sediments of lake Taihu[J]. International Biodeterioration & Biodegradation，2024，187：105709.

[90] ZHU L，SHI W Q，ZHOU J，et al. Strong turbulence accelerates sediment nitrification-denitrification for nitrogen loss in shallow lakes[J]. Science of the Total Environment，2021，761：143210.

[91] 何为媛．湖泊生态系统氮循环途径及发生条件分析 [J]. 南方农业，2019，13（25）：67–69.

[92] CHOI H J，CHOI C H，LEE S M. Analyses of phosphorus in sewage by fraction method[J]. Journal of Hazardous Materials，2009，167（1–3）：345–350.

[93] ZOU L L，LIU Y S，WANG Y S，et al. Assessment and analysis of agricultural non–point source pollution loads in China：1978–2017[J]. Journal of Environmental Management，2020，263：110400.

[94] XUE J Y，WANG Q R，ZHANG M H. A review of non–point source water pollution modeling for the urban–rural transitional areas of China：Research status and prospect[J]. Science of the Total Environment，2022，826：154146.

[95] CHEN W M，LI Q B. Elimination of UV–quenching substances from MBR– and SAARB–treated mature landfill leachates in an ozonation process：A comparative study[J]. Chemosphere，2020，242：125256.

[96] HU Y S. A microwave radiation–enhanced Fe–C/persulfate system for the treatment of refractory organic matter from biologically treated landfill leachate[J]. RSC Advances，2021，11（47）：29620–29631.

[97] HU Y S，GU Z P，HE J J，et al. Novel strategy for controlling colloidal instability during the flocculation pretreatment of landfill leachate[J]. Chemosphere，2022，287：132051.

[98] LI X L，GUO M L，WANG Y，et al. Molecular insight into the release of phosphate from dissolved organic phosphorus photo–mineralization in shallow lakes based on FT–ICR MS analysis[J]. Water Research，2022，222：118859.

[99] XU G H，SUN Z H，FANG W Y，et al. Release of phosphorus from sediments under wave–induced liquefaction [J]. Water Research，2018，144：503–511.

[100] XU Z H，YU C，SUN H，et al. The response of sediment phosphorus

retention and release to reservoir operations: Numerical simulation and surrogate model development[J]. Journal of Cleaner Production, 2020, 271: 122688.

[101] ZHANG H, XIN M, WANG B, et al. Spatiotemporal variations in phosphorus concentrations in the water and sediment of Jiaozhou Bay and sediment phosphorus release potential[J]. Science of the Total Environment, 2022, 806: 150540.

[102] TANG X, LI R, HAN D, et al. Impacts of electrokinetic isolation of phosphorus through pore water drainage on sediment phosphorus storage dynamics[J]. Environmental Pollution, 2020, 266: 115210.

[103] WANG Z L, WANG C H, JIANG H L, et al. Higher dissolved oxygen levels promote downward migration of phosphorus in the sediment profile: Implications for lake restoration[J]. Chemosphere, 2022, 301: 134705.

[104] YIN Y P, ZHANG W, TANG J Y, et al. Impact of river dams on phosphorus migration: A case of the Pubugou Reservoir on the Dadu River in China[J]. Science of the Total Environment, 2022, 809: 151092.

[105] ZHOU M R, XIA J Q, DENG S S, et al. Modelling of phosphorus and nonuniform sediment transport in the Middle Yangtze River with the effects of channel erosion, tributary confluence and anthropogenic emission[J]. Water Research, 2023, 243: 120304.

[106] 陈洁，许海，詹旭，等．湖泊沉积物 - 水界面磷的迁移转化机制与定量研究方法 [J]. 湖泊科学，2019，31（4）：907-918.

[107] HE W, CHEN M, SCHLAUTMAN M A, et al. Dynamic exchanges between DOM and POM pools in coastal and inland aquatic ecosystems: A review[J]. Science of the Total Environment, 2016, 551-552: 415-428.

[108] NAIK R, ARAUJO J, PRATIHARY A, et al. Sedimentary sulphate reduction

and organic matter mineralization across salinity gradient of the Mandovi Estuary, west coast of India[J]. Estuarine, Coastal and Shelf Science, 2019, 221：21-29.

[109] WOO S H, ENDERS A, LEHMANN J. Microbial mineralization of pyrogenic organic matter in different mineral systems[J]. Organic Geochemistry, 2016, 98：18-26.

[110] SCHNEIDER B, OTTO S. Organic matter mineralization in the deep water of the Gotland Basin（Baltic Sea）：Rates and oxidant demand[J]. Journal of Marine Systems, 2019, 195：20-29.

[111] HAO T, MENG Q X. A global maximum principle for optimal control of general mean-field forward-backward stochastic systems with jumps[J]. ESAIM：Control, Optimisation and Calculus of Variations, 2020, 26：87.

[112] RODGERS E M. Adding climate change to the mix：Responses of aquatic ectotherms to the combined effects of eutrophication and warming[J]. Biology Letters, 2021, 17（10）：20210442.

[113] ZHOU Z X, YU R C, ZHOU M J. Evolution of harmful algal blooms in the East China Sea under eutrophication and warming scenarios[J]. Water Research, 2022, 221：118807.

[114] XIAO X, AGUSTÍ S, PAN Y R, et al. Warming amplifies the frequency of harmful algal blooms with eutrophication in Chinese coastal waters[J]. Environmental Science & Technology, 2019, 53（22）：13031-13041.

[115] 孙华杰，臧淑英，孙德尧，等．呼伦湖沉积物粒度特征及其环境指示意义 [J]. 地理科学，2018，38（9）：1570-1578.

[116] 杨文生，张玉，王志新，等．内蒙古乌兰诺尔湖浮游生物的调查研究 [J]. 内蒙古农业大学学报（自然科学版），2008（2）：8-11.

[117] 邓庆华，牛二伟．达赉湖乌兰诺尔保护区白琵鹭繁殖生态的研究 [J]. 安徽

农业科学，2012，40（11）：6559-6560.

[118] 朱存良．内蒙古乌兰诺尔水库渔业资源及生态学研究 [D]. 呼和浩特：内蒙古农业大学，2008.

[119] ZHU D D，HANG X S，XU M Q，et al. Interactions between iron and sulfur on the release and dynamics of phosphorus in eutrophic lake sediments[J]. Journal of Soils and Sediments，2024，25（1）：313-327.

[120] MA X，YANG L Y，LIU E F，et al. Evaluating the release risk of potentially toxic elements from sediments in the New Zhuzhao River Estuary of Nansi Lake using high-resolution technology and sequential extraction[J]. Environmental Monitoring and Assessment，2023，195（2）：353.

[121] HARPER M P，DAVISON W，TYCH W. DIFS—a modelling and simulation tool for DGT induced trace metal remobilisation in sediments and soils[J]. Environmental Modelling & Software，2000，15（1）：55-66.

[122] XU D，WU W，DING S，et al. A high-resolution dialysis technique for rapid determination of dissolved reactive phosphate and ferrous iron in pore water of sediments[J]. Science of the Total Environment，2012，421：245-252.

[123] DU Y X，ZHANG Y Y，CHEN F Z，et al. Photochemical reactivities of dissolved organic matter（DOM）in a sub-alpine lake revealed by EEM-PARAFAC：An insight into the fate of allochthonous DOM in alpine lakes affected by climate change[J]. Science of the Total Environment，2016，568：216-225.

[124] WANG W W，WANG S H，JIANG X，et al. Differences in fluorescence characteristics and bioavailability of water-soluble organic matter（WSOM）in sediments and suspended solids in Lihu Lake，China[J]. Environmental Science and Pollution Research，2018，25：12648-12662.

[125] STEDMON C A，Bro R. Characterizing dissolved organic matter fluorescence

with parallel factor analysis：A tutorial[J]. Limnology and Oceanography：Methods，2008，6：572-579.

[126] 王雯雯，王书航，姜霞，等 . 蠡湖沉积物不同形态氮赋存特征及其释放潜力 [J]. 中国环境科学，2017，37（1）：292-301.

[127] 王书航，张博，姜霞，等 . 采用连续分级提取法研究沉积物中磷的化学形态 [J]. 环境科学研究，2015，28（9）：1382-1388.

[128] 张博，王书航，姜霞，等 . 湖泊沉积物有机质的连续提取与荧光光谱特征分析 [J]. 环境科学学报，2017，37（8）：2878-2888.

[129] 黄威，刘星，赵丽，等 . 岱海沉积物内源磷释放特征的研究 [J]. 环境科学研究，2020，33（9）：2094-2102.

[130] ISIUKU B O，OCHULE B I，ENEDOH M C，et al. Application of kinetic models in batch adsorption processes—A review[J]. World Scientific News，2023，186：67-93.

[131] REN S Y，WANG Y，SUN D M，et al. Simultaneous evaluation of kinetic release of labile arsenic and phosphorus in agricultural soils using cerium oxide-based DGT[J]. Science of the Total Environment，2022，807：151039.

[132] 范英宏，高亮，赵国堂，等 . 沉积物中重金属铅的释放动力学模拟 [J]. 环境科学学报，2010，30（3）：587-592.

[133] CROCKER R Y，BLAKE W H，HUTCHINSON T H，et al. Spatial distribution of sediment phosphorus in a Ramsar wetland[J]. Science of the Total Environment，2021，765：142749.

[134] SHAO X X，LIANG X Q，Wu M，et al. Influences of sediment properties and macrophytes on phosphorous speciation in the intertidal marsh[J]. Environmental Science and Pollution Research，2014，21：10432-10441.

[135] HUANG L D，FU L L，JIN C W，et al. Effect of temperature on phosphorus sorption to sediments from shallow eutrophic lakes[J]. Ecological

Engineering, 2011, 37 (10): 1515-1522.

[136] 王圣瑞，赵海超，周小宁，等．五里湖与贡湖不同粒径沉积物中有机质、总氮和磷形态分布研究 [J]. 环境科学研究，2004 (S1): 11-14.

[137] 熊春晖，张瑞雷，吴晓东，等．滆湖表层沉积物营养盐和重金属分布及污染评价 [J]. 环境科学，2016, 37 (3): 925-934.

[138] PICHETTE C, ZHANG H, SAUVÉ S. Using diffusive gradients in thin-films for in situ monitoring of dissolved phosphate emissions from freshwater aquaculture[J]. Aquaculture, 2009, 286 (3-4): 198-202.

[139] CHEN Y, YAO Y, HAN X X, et al. In situ simultaneous analysis of nitrogen and phosphorus migration in urban black odorous runoff[J]. International Journal of Environmental Research and Public Health, 2022, 19 (20): 13240.

[140] YANG D X, CHEN H Y, SUN H T, et al. Validation and assessment of diffusive gradients in thin-films (DGT) technique for measuring nutrients in Taihu Lake water with algae bloom[J]. Bulletin of Environmental Contamination and Toxicology, 2022, 108 (5): 943-948.

[141] WANG S R, JIN X C, NIU D L, et al. Potentially mineralizable nitrogen in sediments of the shallow lakes in the middle and lower reaches of the Yangtze River area in China[J]. Applied geochemistry, 2009, 24 (9): 1788-1792.

[142] 王正文，姚晓龙，姜星宇，等．季节与水文影响下鄱阳湖碟形湖湿地沉积物氮去除功能变化 [J]. 长江流域资源与环境，2022, 31 (3): 673-684.

[143] HUR J, LEE B M, SHIN K H. Spectroscopic characterization of dissolved organic matter isolates from sediments and the association with phenanthrene binding affinity[J]. Chemosphere, 2014, 111: 450-457.

[144] ERHAYEM M, SOHN M. Stability studies for titanium dioxide nanoparticles upon adsorption of Suwannee River humic and fulvic acids and natural

organic matter[J]. Science of the Total Environment，2014，468-469：249-257.

[145] 潘根兴，丁元君，陈硕桐，等 . 从土壤腐殖质分组到分子有机质组学认识土壤有机质本质 [J]. 地球科学进展，2019，34（5）：451-470.

[146] 汪精华 . 湖泊沉积物中富里酸与重金属的作用机制研究 [D]. 呼和浩特：内蒙古大学，2016.

[147] 刘厶瑶，李玉双，侯永侠，等 . 富里酸对土壤中 DnBP 的降解及微生物活性的影响 [J]. 农业环境科学学报，2020，39（2）：313-320.

[148] 李雨清，何江，吕昌伟，等 . 富里酸对重金属在沉积物上吸附及形态分布的影响 [J]. 环境科学，2016，37（3）：1008-1015.

[149] 李凯，窦森 . 不同类型土壤胡敏素组成的研究 [J]. 水土保持学报，2008（3）：116-119，157.

[150] 窦森，姜岩 . 土壤施用有机物料后重组有机质变化规律的探讨——Ⅱ . 对重组有机质中腐殖质组成和胡敏酸光学性质的影响 [J]. 土壤学报，1988（3）：252-261.

[151] 毛海芳 . 乌梁素海、岱海有机碳的地球化学特征 [D]. 呼和浩特：内蒙古大学，2009.

[152] 易文利，王圣瑞，杨苏文，等 . 长江中下游浅水湖泊沉积物腐殖质组分赋存特征 [J]. 湖泊科学，2011，23（1）：21-28.

[153] 付绪金，贾克力，史小红，等 . 乌梁素海沉积物腐殖质的组成及分布特征 [J]. 湖泊科学，2013，25（4）：489-496.

[154] ZHOU A M，TANG H X，WANG D S. Phosphorus adsorption on natural sediments：Modeling and effects of pH and sediment composition[J]. Water Research，2005，39（7）：1245-1254.

[155] 段燕，汪丙国，王慧敏，等 . 冲积和湖积成因土壤 Cd 的吸附特征：以安徽省当涂县为例 [J]. 地球科学，2021，46（4）：1490-1504.

[156] WANG S H，WANG T，ZHAO L，et al. Spatial distribution characteristics of phosphorus in the overlying water，interstitial and sediment of Lihu Lake，China[J]. Desalination and Water Treatment，2017，65：252–258.

[157] LIU Q，CHEN Y Z，LIU C Y，et al. Migration and transformation of phosphorus in sediment–water system in storm and sewage sewers[J]. Environmental Science and Pollution Research，2022，29（33）：50085–50095.

[158] HE J，SU D R，LV S H，et al. Dynamics of Phosphorus Content in the Water–Sediment Interface of Wetlands in a Mid–Temperature Steppe：He et al[J]. Water Environment Research，2018，90（8）：697–705.

[159] LIU J Y，WAN L H，ZHANG L，et al. Effect of pH，ionic strength，and temperature on the phosphate adsorption onto lanthanum–doped activated carbon fiber[J]. Journal of Colloid and Interface Science，2011，364（2）：490–496.

[160] BASTAMI K D，HAMZEPOOR A，RAEISI H，et al. Biogenic silica，eutrophication risk and different forms of phosphorus in surface sediments of Anzali wetland，Caspian Sea[J]. Marine Pollution Bulletin，2021，173：113138.

[161] SHAN B Q，LI J，TANG W Z，et al. Characteristics，distribution and ecological risk assessment of phosphorus in surface sediments from different ecosystems in Eastern China：A ^{31}P–nuclear magnetic resonance study[J]. Ecological Engineering，2015，75：264–271.

[162] 黄清辉，王子健，王东红，等 . 太湖表层沉积物磷的吸附容量及其释放风险评估 [J]. 湖泊科学，2004（2）：97–104.

[163] 唐金勇，尹月鹏，曹熙，等 . 沉积物磷形态空间分布特征及释放风险评估：以沱江流域为例 [J]. 中国环境科学，2022，42（9）：4264–4273.